写给孩子的
博物笔记
自然·生命共同体

我跑非洲
追大猫
Africa

著·绘·摄
保冬妮

全国优秀出版社
浙江少年儿童出版社
·杭州·

图书在版编目（CIP）数据

我跑非洲追大猫/保冬妮著、绘、摄. —杭州：
浙江少年儿童出版社，2023.1
（写给孩子的博物笔记：人·自然·生命共同体）
ISBN 978-7-5597-2977-4

Ⅰ.①我… Ⅱ.①保… Ⅲ.①动物－少儿读物 Ⅳ.
①Q95-49

中国版本图书馆 CIP 数据核字（2022）第 138998 号

责任编辑　李艳鸽
美术编辑　陈悦帆
责任校对　马艾琳
责任印制　孙　诚

写给孩子的博物笔记　人·自然·生命共同体
我跑非洲追大猫
WO PAO FEIZHOU ZHUI DA MAO
保冬妮　著·绘·摄

浙江少年儿童出版社出版发行
（杭州市天目山路 40 号）

浙江新华数码印务有限公司印刷　　全国各地新华书店经销
开本 787mm×1092mm　1/16　印张 10.875　字数 122000
2023 年 1 月第 1 版　　2023 年 1 月第 1 次印刷

ISBN 978-7-5597-2977-4　　　　定价 **45.00 元**
（如有印装质量问题，影响阅读，请与购买书店或承印厂联系调换）

承印厂联系电话:0571-85155604

周忠和

中国科学院院士
中国科普作家协会理事长

　　能够应邀为这套书写序，是我的荣幸。阅读书稿的过程本身就是一次次探索大自然的愉悦体验。

　　这是儿童文学作家写给孩子的一套旅行笔记，在国内并不多见。在这套书中，作家保冬妮走遍了地球的东南西北：乘坐游轮奔赴南极半岛，飞往斯瓦尔巴群岛坐科考船进入北极圈，穿越非洲，重走达尔文曾登陆过的加拉帕戈斯群岛……这一路风尘仆仆，却收获满满，让人羡慕不已。

　　此前，我并不认识作家保冬妮，但从她的文字、摄影作品和绘画中，我仿佛结识了一位对自然充满热爱、欣赏，对动植物怀抱友善、童心，带着小读者凝视自然、思考未来的作家。在这套书里，她拍摄了几百张美轮美奂的大自然照片，描绘了上百种野生动物。更难能可贵的是，她的作品并没有停留在旅行的浪漫情节上，而是把小读者带入人与自然、人与地球这个宏大的视野中，去思考自然与人类的命运、生命与地球的关系。这一点也让我充满了敬意。

　　合上这套书，我思绪万千。如果我们把时间的指针拨到50年、100年，甚至500年之后，如今书中的许多动物，比如北极熊、南极企鹅、非洲象、白犀牛……它们是否还存在呢？那被冰封雪冻的两极冰川是否还矗立着呢？人类是否会因为地球环境的恶化，已经移民到其他星球了呢？这并不是什么童话、科幻，而是一个关乎人类生存的严酷的现实话题。

　　带领孩子关注自然、探索自然、融入自然，思考人与自然的关系，是具有深远意义的。因为世界的平静不是常态，人类的发展与繁荣始终伴随着对自然的破坏，煤、石油等不可再生能源日益枯竭。我们不能让孩子停留在温馨又宁静的温室里，仅仅培育一株株美丽、柔弱却无法抵挡风雨的幼苗。

　　当今世界的发展到达了一个节点，地球已面临承载能力的巨大挑战。两极冰川的融化比历史上任何一个时期都要快、都要严重；物种的灭绝速度超过了其正常的自然灭绝速度；人类过度消费造成二氧化碳的巨大排放，全球气候持续变暖，增温速率创历史新高；海洋灾害频发，核污染危害海洋环境，海洋生物面临严重挑战；地球上的极端气候频繁出现；人类因自身发展需要，越来越多地侵占动植物的栖息地……以上种种现象如果得不到改变，那么地球上的动植物都将面临灭顶之灾。

改变人类的行为和观念，是避免地球环境出现崩塌式恶化的有效举措，而这些应该早早地让孩子们了解。我们处在急速变化的世界中，地球的环境已不可能再回到从前，人类只有早做预案，与地球、自然结合成生命共同体，才能应对接下来一个又一个艰巨的挑战。为此，我们需要正确引导孩子们，进而锻炼、培养他们适应环境变化的思维和能力，找到智慧的解决方案。

中国最早的旅行笔记是由明朝的地理学家、旅行家徐霞客所作。他用双脚"走"出的《徐霞客游记》是系统考察中国地质地貌的开山之作。15世纪，随着"大航海时代"的到来，欧洲的探险家、博物学家与航海家用日记、图画的形式记录了他们在欧洲以外探索新大陆时的发现和感想。其中，达尔文的自然笔记更是为科学史画上了浓墨重彩的一笔。

今天的孩子同样可以拿起笔，记录身边大自然的变化，发现其中的奥秘和神奇，进而关注、思考环境保护与可持续发展问题。相信这套书能引导孩子们走上探索自然、发现地球之美的道路。

在荒寂广袤的红土地上，生活着非洲狮、花豹、猎豹等大型猫科动物，这些狂野的大猫行走于低矮的灌木和草丛之间，时而慵懒地闭目养神，时而腾空跃起，去追逐自己的猎物。非洲象、长颈鹿、黑犀牛、白犀牛、非洲野水牛淡定安然地站在纯净的天幕下，与金合欢树和猴面包树一起成为夕阳下的剪影；斑马、角马、跳羚、黑面狷羚、水羚清澈的眸子纯净得仿佛能映照灵魂，它们奔跑、跳跃在草地林间，享受着片刻的满足和宁静；鳄鱼、河马潜游在平静的河水里，抬头沐浴着东非刺眼的阳光；紫胸佛法僧、黄颈鹦鹉、红颈鸵鸟、鞍嘴鹳、大小红鹳在苍茫的旷野里，成为荒野大地上最华丽的点缀……

这一切，都让非洲成为令我着迷的一片大陆。这里孕育着数不清的神奇动物，它们在漫长的演化中，有的被人类捕杀、驯养，有的留在原地，有的奔走他乡，它们未来的命运究竟会怎样？

我整理了三次去非洲的旅行笔记，记录下自然的神奇和生命的力量，期待与大家分享。

非洲的每一寸荒野，都在上演让我震撼的生死浓情 ▶ ▶ ▶

01

内罗毕的大象孤儿院

2016 年 9 月，我第一次走进肯尼亚的首都内罗毕。这个非洲国家给我留下的印象是两个字：年轻。街道上涌动着无数青春洋溢的面孔，他们在泥泞的街道上努力地奔忙。摆摊的小贩们在布满水坑的道路两边热络地兜售着商品，马路两边的铁皮房子上贴满了广告，泥泞的市场周围站满了年轻人。

我坐着越野车从他们身边驶过，直奔大象孤儿院。

大象孤儿院位于内罗毕郊区的国家公园内。它是一个非营利性机构，由大卫·谢尔德里克野生动物信托基金会（The David Sheldrick Wildlife Trust）负责管理。大卫是大象孤儿院的创办人，在非洲享有极高的声誉。他去世后，他的妻子达芙尼博士接管了这里，把大象孤儿院办成了在世界上极具影响力的动物保护机构。

一来到大象孤儿院，就看到大门上有一个小小的牌子，上面写着人们交易象牙的数量，巨大的数字令我非常震惊。美国国家科学院公布的报告称，2010—2012年，平均每年有3万多头大象被非法猎杀，三年里被猎杀的大象总数超过了10万头。

非洲象惨遭盗猎的原因就是不法分子想盗取、贩卖象牙。非洲的公象和母象都有着长长的象牙，因此它们成为盗猎者的猎杀对象。如果世界上没有人购买象牙制品，象牙交易没有市场，盗猎行为就会大大减少。

在肯尼亚，无论是购买象牙做的一个小吊坠，还是手镯、耳环，都是违法的，购买者不能把这些物品携带出境。没有买卖，就没有

▼ 失去妈妈的小象在大象孤儿院中接受帮助

杀害！哪怕你对象牙有一丁点的占有心理，都可能会让一头大象丧命。只要参观过大象孤儿院，你就会鄙视象牙买卖，因为这里的每头小象都实在是太可怜了。

大象孤儿院里的小象都是失去了妈妈的孤儿。所有小象原本都和妈妈快乐地生活在一个大家族里，那通常是由一头母象领导的象群。可恶的盗猎者往往当着这些小象的面，残忍地杀死成年大象，然后直接把大象的脸劈开，将象鼻扔到一边，再砍开颌骨，取出象牙，扬长而去。站在鲜血淋漓的亲人面前，小象的心理遭受了巨大的创伤。

科学研究证实，大象有着与人类一样复杂的情绪处理系统。它们感情丰富而细腻，记忆力超强，寿命也很长，一般能活到 70 岁。亲眼见到母亲和其他亲人被杀害，对每一头小象而言，都是令人难以想象的恐怖体验。它们来到大象孤儿院之后，时常发出长长的尖叫声，甚至会在夜晚哭泣。跟人类一样，那些遭遇暴力创伤后产生

▼ 大象孤儿院的饲养员们定时给小象喂奶

的应激反应，都会在小象身上表现出来。而要在大象孤儿院抚平和治愈这些严重的心理创伤，是一件多么困难的事啊！

大象孤儿院专门提供一块草地，让来自世界各地关心小象命运的人有机会在这里观看小象进食和玩耍的情景。为了不影响小象的正常作息，观看时间只有一个小时。

我们早早地来到这块草地上，在院子里静静地等候。终于，时间到了，从密林中慢悠悠地走来一队小象，不少小象身上还披着毯子。我心中感到奇怪，这是为什么呢？现在的天气并不寒冷啊！

原来，这是饲养员对内心备受折磨的小象采取的理疗手段。为治愈小象的心灵创伤，饲养员给每头小象配备了与大象妈妈腹部一样柔软的毯子，让小象宝宝能够感受到来自母亲般的安全感和舒适感。每隔三个小时，饲养员会给小象喂一次配方奶。他们穿着绿色工作服，举起大奶瓶让小象宝宝满足地吃个够。

每个饲养员都要对小象宝宝付出母亲般的关爱，有的饲养员甚至会在夜晚陪小象睡觉，以帮助刚来到孤儿院的小象度过那段最艰难的时光。为了防止小象太过依赖某个饲养员，看护需要多个饲养员轮流交换进行。

小象在孤儿院的生活是幸福的。它们虽然失去了父母，没有亲人来教它们基本的生活技能，比如用鼻子喝水，用鼻子和脚夹起东西，大象之间应遵循的社会性原则，等等。但这些都可以在孤儿院通过伙伴之间的交流来学会。

调整好心理的小象，在小象学校进行一到两年的学习之后，就可以毕业。具有独立生活能力的小象，才可以进行野化训练。

野化训练是在内罗毕国家公园特别开辟出的一块区域上进行的，目的是让小象适应野外生活，为它将来回归自然做准备。在这里，没有饲养员喂食，小象们需要学会自己觅食。小象在逐渐适应野外生活之后，到三四岁时会被送往察沃国家公园，开始真正的野外生活。

进到孤儿院的小象都是幸运的。那些没能得到救助的小象，是怎样面对亲人被暴力杀害的事实的？又是怎样度过没有母亲陪伴的幼年的？没人知道。

为了维持小象的生活管理费用，大象孤儿院欢迎大家的捐助，50美元是最低标准，这是领养一头小象一年的费用。我二话不说，拿起领养申请表就填，很快领养了一头小象。我的小象名字叫作Godoma，听上去像是个小伙子。

成为领养人之后，可以提前预约在每天下午5点，凭领养人的身份前往大象孤儿院探望自己的小象。可惜，这样的优惠我一次也没用过，因为这之后我再也没到过肯尼亚。

我领养的小象Godoma现在应该健康地生活在察沃国家公园了吧？期待它能成为一头健壮的大象，永远在大自然中快乐安宁地生活下去。

大象需要人类的保护

　　当人类不再用象牙满足自己的贪婪和虚荣的时候，大象才能真正获得自由。在非洲、亚洲，大象几乎没有天敌，因为有着巨大的身躯、厚厚的皮肤，它难以被猎食类动物当作捕猎对象。

　　非洲大象的敌人是窃取象牙的盗猎者，而亚洲大象面临着活动领地被人类的耕地、村庄挤占的威胁。挽救大象，需要人类根除对象牙的占有欲，以及采取退耕还林等环保措施。

02

蹄兔，第一次认识你

我们刚到达大象孤儿院的时候，还不到中午 11 点，但阳光已经足够炽烈，令人无法站在太阳底下。于是，我们躲到了屋檐下的阴凉处。这时，带队的科学家——国家动物博物馆的孙忻馆长猛然指着一座木屋的屋顶叫起来："蹄兔！蹄兔！"

什么是蹄兔？是有蹄的兔子吗？我第一次听到这个名字，觉得很好奇。

我赶紧顺着孙馆长指的方向看去。一只小小的、像鼠类的小动物从屋顶的缝隙中探出一个灰色的小脑袋，好奇地看着我们。

看着大家一脸疑惑，孙馆长赶紧解释："蹄兔是蹄兔目下五个物种的统称，分布于北非、撒哈拉以南的非洲地区、中东和阿拉伯半岛等地。蹄兔因有蹄状趾甲而得名。研究表明，在分子生物学的分类上，它们是与大象亲缘关系最近的动物之一。"

真没想到，蹄兔那么小，竟然和大象有着很近的亲缘关系！

后来，我查阅资料才知道，蹄兔是一类稀奇的哺乳动物。它们尽管叫蹄兔，但是和兔子没有半点关系，是属于蹄兔科的植食性动物，偶尔也吃昆虫。世界上共有五种蹄兔，分别是岩蹄兔、黄斑岩蹄兔、南树蹄兔、西树蹄兔和东树蹄兔。

岩蹄兔一般在白天活动，主要居住在岩石洞穴中；树蹄兔通常在夜间活动，栖息在森林里。五种蹄兔都是群居动物，但群体数量有差异。蹄兔虽然是哺乳动物，但是它们的体温调节机制却不完善，

▼ 岩蹄兔

只要我**不动**，你们就**看不到**我

需要通过晒太阳取暖。我们第一次见到的蹄兔应该是树蹄兔，它们从屋顶处的木房檐下露出半个身子，或许就是来晒太阳的吧。

记得 2017 年，我和孙馆长、自然摄影师赵超一起去纳米比亚的时候，在一处山坡上，听到了蹄兔的叫声。蹄兔喜欢用鸣叫的方式来进行交流，因此也被叫作"啼兔"。当我们站在半山坡循着蹄兔的叫声寻觅它的身影时，不经意间，猛然发现它竟然隐藏在山壁的凹槽里，正一动不动地看着我们。

当时看到的蹄兔是岩蹄兔，比在肯尼亚看到的树蹄兔大很多，其皮毛的颜色也与肯尼亚的不同，是和山体一样的土黄色。这只岩蹄兔非常有趣，也许它认为只要自己不动，我们就发现不了它。当我们给它拍照时，可爱的岩蹄兔眼睛都不眨一下，好像凝固了一样，变成了一个动物模特，让我们拍了个够。当我们拍摄远处鸟类的时候，它却趁我们不注意，一溜烟地消失在了山间。

中国有蹄兔吗

　　中国在远古时期曾经有蹄兔分布，地质学家和古生物学家发现的化石证明了这一点。几百万年过去，在进化路上，蹄兔已经寻觅到更适合自己生存的环境，远离中国，在遥远的非洲和中东地区安营扎寨了。

03

走进马赛马拉

▲ 马赛人

　　从肯尼亚去往马赛马拉国家公园（Masai Mara National Reserve）的公路非常好走，开车的非洲朋友盛赞中国朋友帮助他们修建了平坦的公路。但是，车一开进马赛马拉国家公园，情况就变了。当时有一段路是土路，那真是车外黄土飞扬，车内尘土弥漫，戴上口罩都挡不住尘土直往鼻子和嗓子里钻，让人难以喘气。更糟糕的是，颠簸的吉普车时而把人的脑袋撞上车顶，时而把屁股摔在座位上，大有不把你颠散架不罢休的态势。进入国家公园没多久，我们乘坐的小面包车就因为完全受不了颠簸的折磨，坏在了半路上。

　　四野荒芜，我们一车人也不过六七个，就这样停在马赛马拉的荒野上，要

我们爱红装，为的是让野兽害怕

是突然来只凶猛的大猫——狮子，那可怎么办？

没一会儿，荒原上的马赛人看到了修车的我们。他们披着红格子的毯子，手握一根细细的木棍，向我们走来。

马赛人是东非著名的游牧民族，主要分布在肯尼亚南部和坦桑尼亚北部的草原地带。他们的主要食物是牛肉和牛乳，喜欢喝牛的鲜血，但是不吃野生动物，甚至连鱼都不吃。马赛人对自然极其崇拜，他们不狩猎，鄙视农耕生活，认为农耕破坏了大地。正是因为他们有这样独特的生存观，马赛马拉的野生动物才得以被保护得很好。

马赛人都精瘦无比，但是勇猛善战。他们爆发力超强，仅用长矛和棍棒就能把狮子杀死。尽管马赛人不以狩猎为生，但在他们的传统观念里，要想成为勇士，必须杀死一头狮子，

▲ 马赛马拉国家公园里的狮子

所以，马赛人根本不惧怕狮子，反而马赛马拉的狮子害怕马赛人是出了名的。这里的狮子只要一见到马赛人，甭管雄狮雌狮都会害怕，转身逃跑。不仅是狮子，这个穿着红色披风的民族，用衣服的颜色警告荒野上的野兽：离我远点！

所以，为了保护野生动物特别是狮子，肯尼亚政府规定，只有在马赛人的牛群受到攻击时，他们才可以杀死狮子。马赛人视牛群为自己的生命，一家人的全部食物几乎就是牛乳、牛血、牛肉。他们不吃蔬菜，也不吃谷物。

如今，肯尼亚政府正在说服马赛人送孩子去上学，从事农耕，开始定居生活，并进一步鼓励他们进行农业生产和发展旅游业。

其中一个走向我们的马赛小伙子懂一点简

单的英语，我们友好地问候他之后，他问我们是否需要帮忙修车。谢过他之后，我们问他是否愿意与我们合影，他点头同意，但需要我们支付 1 美元的拍摄费用。过游牧生活的马赛人除去卖牛之外，如果不从事旅游业，就没有经济收入。我们愿意用这样的方式帮助他们。车上的女生纷纷与这位马赛小伙子合影，我也不能免俗。马赛小伙子搂住我，洁白的牙齿露出来，犹如一轮夜晚的明月。

如果仔细看照片，立刻能发现马赛小伙子手里拿着一根细木棍。

▲ 在马赛马拉原野上遇到的马赛小伙子

▲ 马赛人手里的棍子永不离身

　　这是马赛人的标配，无论他们走在城市还是原野，身带棍棒是法律允许的。这根棍棒比猎枪还好使，很多野兽一见到持棍棒者，就认出他们是马赛人，立刻会落荒而逃。

　　马赛马拉国家公园是肯尼亚26个国家级自然保护区中具有"王中王"称号的稀树草原生境的代表性地区，英国广播公司（BBC）曾经评选它为"一生必须要去的50个地方之一"。每年的7月至10月，上百万头角马、斑马的迁徙大军从坦桑尼亚的塞伦盖蒂大草原奔向这里，来寻找新鲜的青草。途中，它们必须穿越马拉河，这被称为"天河之渡"。马拉河里潜藏着饥肠辘辘的鳄鱼，它们与渡河的角马、斑马会上演一出生死大战。

　　到达马赛马拉国家公园的驻地时，天下起了小雨。9月底已经是马赛马拉大草原旱季的尾巴，荒野将迎来令众生喜悦的雨季。

自然思考

独具特色的野生动物保护区

马赛马拉国家公园位于肯尼亚西南部与坦桑尼亚的交界地带，与塞伦盖蒂国家公园相连。马赛马拉国家公园始建于1961年，至今已有60多年的历史。国家公园内有近百种哺乳动物和约450种鸟类，是世界上最具代表性的野生动物保护区之一。

04

树上花豹

　　当我们的越野吉普车在荒野上遇到孤零零的腊肠树的时候，粗树干上，竟然坐着一只虎头虎脑的豹，就是大家通常所称的花豹。

　　腊肠树是马赛马拉荒原上常见的树种，挂在树上的圆柱形荚果大概有30—60厘米长。茂盛的时候，它们一根根吊在树枝间，就像挂着很多短短的金色小腊肠。不过，因为我们去的时候已经是9月，这棵树上只剩下一根"腊肠"孤独地临风摇曳着。

　　花豹非常喜欢腊肠树。因为腊肠树的树干不算高，也不陡，很适合它们跳上跳下。

　　非洲有花豹，也有猎豹。花豹是猫科豹亚科豹属的大型肉食动物。它们头部较圆，低矮强壮，四肢健硕粗短，尾巴较长。毛色金黄，布满黑色环斑；黑色环斑很像小梅花，环斑中间的颜色和皮毛的颜色一致。而猎豹是猫科猫亚科猎豹属，身体呈流线型，显得十分苗条纤细，腿长、头小，全身布满黑斑点，只有

打猎累了，我先睡一觉

▲ 花豹喜欢把猎物带到树上吃，这样更能享受独自进食的安宁

尾巴上是环纹。

花豹喜欢把猎物拽到树上，在树上就餐和休息，而猎豹更喜欢在草原上平躺。

此刻，相机快门声咔嚓咔嚓响起，那只花豹却毫不在意。它把一只小角马的尸体放在腊肠树的枝杈上，自己却跑到一边去休息了。

我们与它相距不过10米，好像连它的呼吸声都听得见。花豹淡定地观察着我们，大眼睛里没啥恶意，但看起来相当严肃，圆圆的大脑袋显得虎头虎脑的。不知道是因为猎物没挂住，还是越下越大的雨让枝干打滑，猎物一下子掉到了树下。它赶紧跳下树来，警惕地左看右看，见没有谁来抢它的食物，便索性趴在猎物身上，悠闲地享受起了美餐。

马赛马拉即将步入雨季，雨点时紧时歇，大时如铜钱，瞬间又会把彩虹挂在浓云密布的天际。我们不想打扰花豹进餐的美好时光，就驱车继续前行。

草原上的独行侠

不管是生活在非洲的花豹，还是生活在亚洲的金钱豹，它们都是一个物种，就是豹。为了便于大家理解，本书使用花豹的名称，以示与猎豹的区别。

非洲的花豹凭借高超的捕猎技巧，成为草原上实力强悍的肉食动物，仅次于非洲狮子。花豹捕猎时总是单兵作战，是个独行侠，不像狮子那样经常全家一起协同作战。

05

疣猪和它的好朋友条纹獴

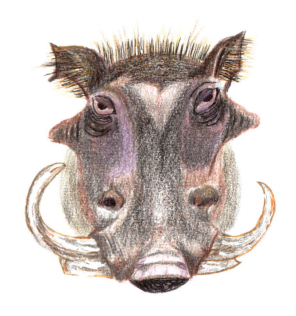

一路上，远处不时有一根根天线一样的东西在奔跑，这吸引了我的目光。这些天线在草丛中跑来跑去，它们到底是什么呢？

我用望远镜一看，原来这是非洲疣猪一家正在找晚餐。三四只小疣猪跟着疣猪爸爸和疣猪妈妈，欢快地竖起天线一样的尾巴，穿梭在枯黄的灌木丛中。

我不喜欢非洲疣猪，尽管迪士尼出品的卡通电视节目《彭彭和丁满历险记》中的非洲疣猪形象——彭彭一度让全世界的孩子疯狂着迷，但是我仍然不喜欢头大身子小、满身硬刺、脸上有疣、獠牙上翘、长得特别碢碜的疣猪。

疣猪仅有两个物种，即非洲疣猪和荒漠疣猪。它们眼部下方有个凸起的疣，雄猪吻部还多长了一对小疣。据说，疣猪在挖土取食时，疣可以保护它们的眼睛，防止土星子溅到眼睛里。我们在马赛马拉看到的当然是非洲疣猪，它们在非洲的荒野上很常见。

非洲疣猪是群居动物。疣猪妈妈带领着小疣猪生活在洞穴里，疣猪爸爸则单独生活。尽管非洲疣猪的生育能力很强，但小疣猪的生存率并不高。狮子们在捕捉不到飞奔的草食动物时，会挖洞捕食疣猪，一不小心小疣猪就会成为它们美味的点心。非洲疣猪喜欢在泥里打滚，是世界上少有的数月不喝水也能生存的动物。

跟狮子比，疣猪看起来虽然很弱小，但能在非洲草原上生存下来，就不是好惹的。成年非洲疣猪的大獠牙好似随身携带的匕首，即便遇到大狮子也不怕；许多狮子身上的伤疤，据说都是在捕食疣猪时被疣猪的獠牙刺出来的。可见，弱小者也握有保护自己的有力武器。

大自然给了非洲疣猪天敌，也给了它好朋友——条纹獴。我们后来在纳米比亚首都温得和克的哈纳斯动物保护基地见到了条纹獴。一进基地的院子，我们就在一块大草坪上看到一群条纹獴和非洲疣

▼ 非洲疣猪

我们的**牙齿**比**爪子**还尖利

猪在一起玩耍。

条纹獴喜欢吃非洲疣猪身上的寄生虫，非常体贴地为疣猪提供服务。非洲疣猪犹如一位 VIP 会员，享受着高端的服务，那样子实在让人忍俊不禁。

我喜欢条纹獴，它们是性情温和的小家伙。不过，我没想到它们竟然是肉食动物。在哈纳斯动物保护基地，志愿者给条纹獴喂食，它们咿咿呀呀地叫着挤作一团，那样子简直萌翻了。

别小看这种小家伙，它们可是世界上最不怕蛇的动物，是天生的捕蛇能手。它们的身体柔软灵活，见到蛇后便闪转腾挪、勇敢扑咬，即使被毒蛇咬伤，也不害怕，因为它们对蛇毒有着天然的免疫功能，睡上一觉就没事了。条纹獴除了吃蛇，还吃老鼠、田鼠等小型啮齿动物，也以鸟和鸟卵为食。它们身上的条纹是区别于其他獴的明显特征，在我眼里，那是特别时尚文艺的装饰。

▼ 身上布满条纹的条纹獴

你不熟悉的獴

　　獴是一类身体细长、四肢短小的小型哺乳动物。全世界一共有 34 种獴科动物，条纹獴是其中的一种。它们与獴科其他动物在外形上最大的区别就是背上的条纹。条纹獴的肛腺会分泌一种液体，具有强烈的气味，用来宣示各自的领地，也用来辨识彼此。条纹獴等獴科动物除了吃蛇之外，还吃昆虫、蜥蜴、鼠类、蛙、蟹等。

06

长腿帅猫：猎豹

世界上有些动物凭颜值就能获得人类的关注，猎豹就是其中之一。我们在肯尼亚的马赛马拉国家公园里与猎豹不期而遇。四只猎豹正在金黄色的草地中小憩，它们应该刚刚饱餐了一顿，此刻平躺在那里，享受着美好的午觉时光，把四条长腿伸展得妖娆有致。

午后的安宁让空气中飘荡着慵懒的气息，虽说已经是旱季的末尾，但阳光

▼ 猎豹

仍旧炽烈地照耀着东非大地。空气异常干燥，动物和植物们都渴盼着雨季快快到来。好在乌云已经开始宣告雨季的信息，浓云时而遮住太阳，时而飘向远方。

猎豹有午睡的习惯。看着眼前的几只猎豹躺平在草地上，毫无斗志，我们也打起了瞌睡。

非洲的正午十分炎热，几乎没有人会在这时候去荒野里闲逛，承受太阳的暴晒。我们一天里一般有两次"游猎"，不过，大家手上拿的并不是猎枪，而是长短焦的相机。

"睡个午觉，等下午4点动物们活跃起来后，我们再出发。"

我们有一位当地的司机，同时也是向导，带着我们一行四个人。车上的座位大多是三排，每排三个座位。我们分别在上午和傍晚出动，避开动物们的休息时间，去寻找和拍摄野生动物。

科学家计算过，猎豹在午睡的时候，平均每6分钟就会起身查

看一番，确保自身的安全，同时也查看四周有无猎物出现。猎豹的全身都有黑色的斑点，它最独特的地方是从两边的嘴角到眼角各有一道黑色的条纹。对于这两道条纹，有科学家认为是为了更好地吸收阳光，从而使猎豹的视野更加开阔。不管这是否属实，在我看来，猎豹的这个脸部特征让它显得特别酷。

与前面讲过的花豹相比，猎豹更善于奔跑。猎豹奔跑时最高时速可达 120 千米。这是什么概念？《中华人民共和国道路交通安

◀ 猎豹

我跑得可快了，你们追不上我

全法》第 67 条规定：高速公路限速标志标明的最高时速不得超过120 千米。

　　猎豹的身材呈流线型，充满肌肉感，跑起来就像是一根超级弹簧。同时，它身体的每个"部件"，都是为了让它达到这个速度而配备的：它的头比较小，能够减小奔跑时的阻力；修长的四肢搭配得恰到好处，还可以随时调整弯度；有黑色环纹的长尾配合着猎豹的高速奔跑，不断摆动，帮助身体保持平衡；猎豹的关节不是普通的球窝关节，而是松弛的，能在它急转弯时旋转 90 度；它们身上的肌肉非常强健，拥有足够的拉伸力量，能够在身体急速转弯时有效控制身体的重心，不会摔倒；猎豹的内耳构造也十分独特，可以让它们在急速奔跑的时候头不晕眼不花，并且眼睛始终盯着猎物。

　　所以，当猎豹奔跑起来追逐猎物的时候，人们眼前仿佛出现了一条波浪般不断起伏、左右闪转、劲道十足的花钢鞭。

但猎豹不能长时间以最快速度奔跑，它需要在一分钟内搞定猎物，如果一分钟内还没有扑倒猎物，就必须承认失败，停下来休息。

有统计显示，猎豹平均每六次出击中会有一次成功。因为猎豹的牙齿短，不能让猎物很快毙命，所以它需要死死咬住猎物，并保持一段时间。然而，因为刚刚奔跑过速，它没有办法立刻吃东西，要先休息一会儿，等待喘息平静下来。但恰恰就在这时，非洲鬣狗会乘机成群打劫，盯上猎豹得之不易的战斗成果。由于猎豹刚刚耗尽全力，没有力气再与成群的鬣狗对战，只好眼睁睁地看着自己好不容易捕获的战利品，被鬣狗群分而食之。而猎豹自己只能等待体力恢复后，再饿着肚子发起新的猛攻。

猎豹在奔跑时速达到 110 千米以上时，它的呼吸系统和循环系统就会超负荷运转。由于自身无法快速而及时地把囤积的热量排出去，猎豹很容易出现虚脱症状，所以，猎豹一般短跑几百米后就需要减速。否则，它的身体就会因为过热受到损伤。

猎豹的寿命并不长，跟一般家猫差不多，仅有 15 年左右。猎豹的天敌就是比它更强的大猫——狮子，一旦对抗失败，就可能被狮子吃掉。猎豹的幼崽成活率很低，不是被狮子或鬣狗吃掉，就是因缺乏食物而饿死，因为猎豹妈妈成功狩猎一次非常不易。

猎豹虽然强大，但在非洲草原上的生活仍充满艰辛。大自然有多美丽，就有多残酷！

我虽然去了三次非洲，却始终没有机会看到像闪电一样奔跑着去捕食的猎豹。但我从不觉得遗憾，因为我已看到非洲最美丽的风景，对我来说，这已足够了。

猎豹是猫科动物吗

　　大部分猫科动物的爪是可以收入爪鞘的，但猎豹的爪不能完全收入爪鞘，因此，有人觉得猎豹不像猫科动物。但是，从生物遗传学上看，猎豹就是猫科动物，这是不容置疑的。

07

草原上的大块头：犀牛

　　小时候第一次听到犀牛的名字，是作为一味中药药材的犀牛角。因为中国早已没有野生犀牛，犀牛角的来源只能是非洲、东南亚，所以，当我在非洲看到它时，就产生了一种负罪感。犀牛之所以命运跌宕，屡被盗猎，是因为人类

喜欢用它们头上的角制作贵重的装饰品和药材，因此，在国际市场上，犀牛角价格高昂，这对那些盗猎者极富吸引力。尽管全世界一直在禁止犀牛角的交易，将犀牛角贸易列为非法，但在非洲的黑市上，犀牛角从来没有消失过。暴利让可恶的盗猎者们铤而走险，买卖让盗猎行为猖獗，致使犀牛命悬一线。

世界上共有五种犀牛：印度犀、爪哇犀、苏门答腊犀、白犀和黑犀。它们全部被列入了《世界自然保护联盟濒危物种红色名录》。其中，白犀在非洲又分为北白犀和南白犀两个亚种。2016 年，我第一次去肯尼亚时，有幸见到了非洲的南白犀。

据科学家进行的基因分析，非洲的北白犀和南白犀在基因上存在某些差异。两种犀牛的命运也相差巨大，北白犀因为保护措施不利，盗猎猖獗，自从 2018 年最后一头雄性北白犀去世，世界上仅剩下两头雌性，它们没有再生育的可能。南白犀曾在 19 世纪晚期时宣布过灭绝，但后来在南非又发现了野生的南部白犀牛，由于保护措施得当，而今南白犀的数量已增长至上万头。

▼ 东非大草原

一个黄昏时分，在肯尼亚的马赛马拉国家公园内，我们忽然发现五只南白犀出现在斑马群的附近。它们齐头并进，在干燥枯黄的草丛里向前走着吃草，好像五台除草机，牛椋鸟在它们的背上为它们清除寄生虫。此刻，夕阳照耀在背后的黄皮金合欢树林上，构成了一派祥和的非洲草原景象。

南白犀虽然一个个看起来像穿了盔甲的武士，但其实它们极其害羞，很怕人惊扰。它们绝不会越过心理警戒线，总是和人保持着足够远的距离。它们对人类这种可怕的天敌没有一丁点好奇心，因为接近就可能意味着杀戮。

这个傍晚定格在相片中，在肯尼亚，我只见过这一次南白犀。

天气好，别忘了晒太阳啊

▲ 南非匹林斯堡国家公园里的南白犀

　　2019 年，我来到南非的匹林斯堡国家公园，在那里，又见到了南白犀。11 月，正是南非的夏季。热带草原的气候极其干燥，大地在阳光的炙烤下，仿佛要燃烧一般，动物们全躲进了树林的阴凉中。

　　在匹林斯堡国家公园里，动物全部处于野生状态。这里与肯尼亚不同，有很多繁茂的灌木和密林遮挡视线。

　　敞篷车载着我们同行的九个人。路上，我们经常可以看到南白犀。它们一般平躺在那里，有的在树荫下，有的在泥塘里，全都是一副放松惬意的样子。

　　白鹳和黑背麦鸡在南白犀的身边溜达来溜达去，在这个大块头的衬托下，它们显得异常弱小。这些鸟类与食草的巨兽和平相处，空气中弥漫着安详，甚至有些慵懒的气息。

　　黑犀曾分布在非洲撒哈拉沙漠以南的部分地区，现在它们的分布范围已经缩小。根据世界自然保护联盟 2021 年发布的更新数据：近 10 年来，非洲各地的黑犀数量以每年约 3% 的速度在增长，目前有 6000 头左右。"这是一些区域性的非洲犀牛保育工作获得的成效。

跟白犀一样，黑犀也是腿短身厚的巨型草食动物，同样有双角。不同的是，黑犀的上唇更长，这是为了拨动树叶；它们的嘴也更尖，这也是为吃树叶而准备的。黑犀的嘴没有白犀牛那样宽大，嘴的形状也不同，这意味着它们获取食物的方式不同，食物的种类也不同。

黑犀的脾气比起白犀显得暴躁一些。它们脾气不好的时候，会攻击人和车辆。它们身体庞大，但奔跑起来的速度却令人刮目相看，短距离时速可达 54 千米，让人不敢轻易招惹！

可惜的是，在非洲，我始终没有机会见到黑犀。

▼ 南白犀与宁静的肯尼亚东非草原

独角犀和双角犀

按角的数量，犀牛可分为独角犀和双角犀。独角犀仅存下来的有爪哇犀和印度犀，均分布在亚洲。它们生活在开阔的草原、低地雨林或沼泽草原地带，以植物为食。双角犀有白犀、黑犀和苏门答腊犀。白犀和黑犀都以非洲大草原的牧草等植物为食，但它们的进食方法却大相径庭。白犀的上唇很宽大，像一架小型割草机，可以吃矮小的草；而黑犀的唇向外凸出，能采集嫩枝，然后再用前白齿咬断。长有双角的苏门答腊犀是唯一披毛的犀牛，它吃野果、树苗和嫩枝。

我是白犀

嘴不同

我是黑犀

37

08

大猫狮子的 悲壮一生

一早，东非宁静的清晨被我们越野车的疾驰声唤醒了。狮子一家来到草原的溪流边，明亮但并不炽热的阳光温柔地照在它们身上。这是一个狮子家族，有五名成员。两头成年雌狮蹲坐在小溪边，享受着清晨的安宁。还有两头幼狮，它们好奇地东走走，西看看，甚至来到我们车前两三米远的溪流里喝水，时不时地望望我们。没多久，领头的雄狮也从矮灌木丛中慢慢走出来，它看上去是一头正处在生命顶峰的狮子。它看着妻儿们沐浴在大草原的晨光中，悠闲地踱步走到雌狮们身边，靠着它们趴下来，一边舔着清亮的溪水，一边遥望面前空旷的原野。

在我看来，狮子是大猫（指所有猫

科动物中会吼叫的物种）中最壮烈的动物。它们的一生充满戏剧性，不做主角，就可能面临着死亡。这是何等悲壮的生命图景啊！

坐在车里，孙忻馆长给我们讲述了雄狮卡里的故事，这是一个极富有戏剧性的大猫的故事，屡次被拍摄成纪录片。

卡里是马赛马拉大草原上的一头雄狮。2008年底，这头浑身带着伤疤的雄狮来到了马赛马拉的帕罗戴斯平原。狮子毒牙和它的两个兄弟正占据着这里，但此时，毒牙的两个兄弟一个失踪一个因病去世了。雄狮卡里此时却带着它的五个成年侄子，可想而知，这种力量的失衡意味着什么。

毒牙丢下狮群仓皇而逃，卡里和它的侄子成为狮群和这片领地的新主人。但卡里没有因为胜利而欢喜，因为这是一次复仇行动——毒牙曾夺去了卡里哥哥的性命。

故事回到起初，卡里死去的哥哥亮鬃是一头草原上少有的雄狮，

▼ 纳米比亚雄狮

它富有生存经验，成熟且勇敢，心怀伟大的狮王之梦。

一开始，雄狮亮鬃离家后，带着弟弟卡里在草原上流浪。它们很快遇到了马沙狮群。马沙狮群里年长的狮子正巧丧命于野牛角，年幼的狮子守护狮群，显然缺乏战斗力。雄狮亮鬃抓住时机，带着卡里向马沙狮群发起了攻击，成功占领了马沙狮群领地。

哥哥亮鬃第一次当狮王，为了让新出生的幼狮安全长大，哥儿俩不得不辛勤地巡视领地，以防来犯的流浪狮子。没想到，就在一次巡逻中，它们遇到了毒牙和它的两个兄弟，激烈的战斗持续了好几个小时。最终，哥哥亮鬃身负重伤，毒牙和它的兄弟看到对方已经被打败，便扬长而去。亮鬃因为伤势过重，不久就死去了。

5岁的卡里死里逃生，回到了狮群，成为狮群里唯一的成年雄狮。它日夜担惊受怕，担心毒牙三兄弟随时会杀回来，那时孤立无援的自己肯定寡不敌众，根本无法保护自己的狮群。更可怕的是，一旦入侵者占领狮群领地，就会杀死哥哥留下的后代，雌狮也全部会被入侵者占有。

势单力薄的卡里最优秀的特质就是善于思考。它审时度势，机智地运用战术，一次次吓走觊觎狮群的年轻敌人，争取时间抚养哥哥留下的侄子们。

经过历练的卡里逐渐成熟，越来越有信心保护好自己的领地。就在这时，它遇到了一头流浪的年轻雌狮塔姆。两头狮子瞬间情投意合，但是它们的亲密举动被狮群里的其他四头雌狮看到了。雌狮们觉得，不能让唯一的雄狮被落单的雌狮拐走，于是一场雌狮之间的战争一触即发。雌狮塔姆知难而退，单独离开，卡里又回到了自己的狮群。

不久，塔姆生下了卡里和它的孩子。在草原上，单身狮妈很难

自己单独养活孩子，因为随时会有鬣狗来偷袭小狮子。塔姆无奈，就来狮群寻找卡里。但卡里不能放弃狮群大家族，四头雌狮也不会让塔姆带走卡里。经过几番争斗，最终四头雌狮心软了，它们接纳了塔姆，塔姆成了狮群里的雌狮。

然而，作为狮子的幸福时刻是短暂的。

不久，从另一个保护区来了三头年轻健壮的雄狮。它们尽管已经有了自己的狮群，但还想扩大地盘。于是，它们盯上了卡里的狮群。很快，它们入侵卡里的狮群领地，狮子们四散逃命。最终，入侵者杀死了卡里和雌狮们新生的幼狮。四头雌狮失去了和卡里的亲生骨肉，便不再支持卡里。卡里成了一头被驱逐的老狮子，被狮群抛弃了。

塔姆为了不被入侵者占有，它逃离狮群，再次成了落单的雌狮。

失魂落魄的卡里担惊受怕，连威风凛凛的鬣毛都几乎要掉光了。它权衡利弊，加入了未成年的狮子少女团，毕竟这些年轻的雌狮们在捕猎上都是能手，卡里只想在这里蹭饭。然而，一年过去，年轻

妈妈，我想快点儿长大

的雌狮们也长大了，它们很快被占领了卡里狮群领地的狮王看中。卡里被赶出少女团，消失在安静而充满杀气的草原上。

但是到了2008年，帕罗戴斯平原上出现了五头年轻雄狮和一头年长雄狮的"六狮军团"。它们能杀死非洲野水牛和河马，席卷草原的势头让人望而生畏。其中年长的是卡里，年轻的是卡里的侄子们，也就是哥哥亮鬃留下的后代。

此时，8岁的卡里已经进入壮年末期，但是它从未放弃夺回领地的目标。之后的几年，马赛马拉大草原上频频上演卡里军团发起的一次又一次的血战。毒牙就是在这样强大的六狮军团的攻击下逃之夭夭的。

卡里和侄子们宣示占领领地的吼声震撼了整个荒野。卡里终于以首领的身份打败敌人的狮群，并占领了它们的领地。六狮军团拥有马赛马拉最广阔的领地，虽然六头雄狮之间的竞争和雌狮之间的竞争在不断激化，但狮群的利益高于一切，它们团结一心不断征战，最终拥有了马赛马拉三分之二的领地。

卡里带领的狮群成为非洲百年历史上极为罕见的、牢不可破的雄狮联盟！

12岁时，卡里步入了狮子的老年，多年征战使它身心疲惫，它再一次和四头雌狮以及它们的幼狮，组成了温暖的小狮群，把征战的任务留给了侄子们。

2013年，卡里的侄子们都进入壮年末期。13岁的卡里尽管年迈，但依然健康，它和侄子们仍然控制着一望无际的领地。

到了2013年8月，保护区的护林员发现，卡里失踪了。

从此，马赛马拉荒野上一段雄狮传奇的历史画上了句号。

这是在东非大草原上真实上演的故事，出现在了迪士尼纪录片

《非洲猫科：勇气国度》以及 BBC 纪录片《大猫日记》《狮之真理》中。纪录片里的每一幅画面都震撼人心，叫人不得不对非洲狮子肃然起敬。

在自然界，没有什么动物的生存是无忧无虑的。自然规律决定了你死我活的惨剧随时会上演，这是我每次身处非洲原野时内心最矛盾的地方。

一边欣赏自然之美，一边也要接受生命之间的生死较量。事实上，大自然的资源是有限的，每一次相争，都是为了基因的传递和种群的延续。鲜活的生命和残酷的搏杀总是不断在上演，我们渴望的安宁和平静是那样的脆弱和短暂。

我与狮子一家一起在河岸边眺望远处广袤的原野。我为它们打量四周的环境，这里草肥水美，又可居高望远。远处，斑马、角马成群，如一片游动的流云；近处，灌木茂密可藏身，也可休养生息。按理说，这个狮子家族应该在这里安营扎寨，享受大自然无尽的馈赠，繁衍后代，荣华一生。但这仅仅是我的期盼，而非荒野之道。

荒野不相信眼泪，只相信强者为王。在这样一个平静而美好的早晨，我参照卡里的故事，想象着这个狮子家族的昨天、今天和明天。

一切都无法逃脱自然的安排，这才是真实的非洲！

▼ 肯尼亚东非大草原上的一个狮子家族

亚洲狮

在亚洲，目前只剩下印度有野生亚洲狮。亚洲狮明显比非洲狮的体形要小，鬣毛也短。狮子的生存需要足够面积的领地，亚洲狮由于生存环境的破坏和人类的猎杀，几乎走向灭绝。幸存的亚洲狮被保护性地安置在印度吉尔森林，这里成为野生亚洲狮的最后栖息地。

09

五霸之一的非洲野水牛

　　成年的非洲野水牛身高可达 1.7 米，长 3 米多，体重可达 900 千克，因此非洲野水牛不枉被冠以"非洲五霸"之一的盛名，它那巨大而敦实的身体真是连狮子也不敢轻举妄动。据说，敢挑战非洲野水牛的狮子必须年富力强，否则，也可能丧命于非洲野水牛的牛角之下。在雄性非洲野水牛面前，狮子显得苗条而轻飘了许多，如果不是群狮协同作战，单个的狮子谁也不敢把野水牛当饭吃。

　　非洲野水牛除了有重量级的身体，那双牛角也不是白长的。它的角粗壮而有力地弯曲着，如果有猛兽扑上来，这双牛角瞬间就会变成利器。无论是谁想咬野水牛的巨大头颅，都会觉得自己的嘴巴太小，无从下嘴。

但是，野水牛的幼仔死亡率相当高，夭折率几乎达到80%。尽管小水牛生下来就会跑，几个小时后就能跟上野水牛群的行动，但它们很容易受到肉食动物的攻击。小水牛长到15个月后，就会被赶出母亲的牛群，去投靠与它同龄的牛群，面对危险重重的生活。

　　从我们眼前走过的非洲野水牛，身体强壮而结实。它们漫步在草原上，浑身沾满了泥巴，这样可以避免被蚊虫叮咬。野水牛是夜行性动物，喜欢在夜间吃草。它们喜欢水，每天要喝大量的水，还爱泡在水里享受沐浴时的放松时刻，所以，它们总是依水而居。

　　成年野水牛都过着群体生活，只有老年和受伤的野水牛才会落

▼ 非洲野水牛

单。老年野水牛的眼睛周围有白斑，很容易分辨它们。群体生活对野水牛来说更安全，面对狮子、猎豹，一群野水牛的出现会让肉食动物们知难而退。但是，落单的老年野水牛、伤病野水牛或刚刚离家的小水牛，就十分危险了；它们很容易成为被捕猎的对象，因为它们的体形表明它们能成为一顿超级饱腹的美餐。

非洲野水牛平时不哼不哈的，总是静悄悄地躲在阴凉处，但是千万不要被这样的假象所欺骗，它们可是与狮子、豹子一样极具危险性的动物。即便是遇到受伤的野水牛或者小母牛，我们也要很小心，因为它们可能会瞬间发狂，对冒犯者绝不轻饶，遇上这种情况我们必须退避三舍。非洲野水牛发飙时脾气暴烈，攻击性很强，别看它是草食动物，不吃人，但并不代表它不伤人。

非洲野水牛有五个亚种，其中，野水牛南部亚种是体形最大的，野水牛森林亚种体形最小。除了狮子和猎豹垂涎野水牛的肉，人类也是它们的主要威胁者，因此，野水牛虽然位列"非洲五霸"，却是濒危物种。只有在肯尼亚马赛马拉国家公园、坦桑尼亚的塞伦盖蒂国家公园和乞力马扎罗国家公园等为数不多的保护区内，它们才能躲避人类的猎杀。

▼ 东非野水牛群

复仇的野水牛

野水牛是极其勇敢的斗士，会展开疯狂的复仇行动。只要盗猎者开第一枪，野水牛就会迅速冲上来。如果盗猎者开枪不及时或子弹不足，就可能丧命于野水牛的蹄子之下，或者被群牛攻击。被打伤的野水牛会永世与行凶者为敌，即便冒着生命危险，它也会去复仇。夜晚，它会冲入盗猎者的营地，用牛角挑死猎手。所以，千万别惹非洲野水牛！

10

天河之渡：角马大迁徙

角马是东非动物大迁徙中最重要的主角，往往多达几百万只。2016年10月，我到达肯尼亚的马赛马拉时，在塞伦盖蒂大草原的角马大部队已经顺利通过马拉河，迁徙到了马赛马拉国家公园。我们赶到上演悲壮渡河大戏的马拉河口时，那里只剩下被数以百万计的草食动物大军踏成烂泥地的河岸，安静得好像什么事情也没有发生过。

我知道，惊天动地的殊死搏斗刚刚结束。狮子、猎豹在角马的后方拦截，鳄鱼在前方的河流中潜伏，前后夹击，危机四伏。但是为了离开已经被啃得差不多没草了的塞伦盖蒂草原，角马和斑马必须迁徙回雨季来临的马赛马拉大草原。浩浩荡荡的草食动物们做好了渡河

▲ 东非大草原上的角马和黑斑羚

的准备，最强壮的角马做开路先锋，然后是母角马和小马，老弱的角马夹在中间，断后的全是精壮的公角马，角马用这样的排列方式保护着族群的安全。

但是，这样精心的布阵仍无法避免有不幸者成为肉食动物口中的饕餮大餐。

悲壮的一幕已经上演完毕，可我并没有看到被踩踏致死的角马和斑马的尸体。难道鳄鱼大餐过后连骨头都不剩？这让我一度怀疑，鳄鱼群吃肉都不带吐骨头的。

据说，全世界每年大约有 20 万人会赶到肯尼亚的马拉河河口，期待能观看到"天河之渡"的壮观景象。但这一天并不是定时定点的，

▲ 西白须角马

而且每年都不一样。进入马赛马拉的人，全凭运气才能赶上。

　　说到角马，因为有个马字，从字面上理解，我一直以为这种动物是马，但孙馆长告诉我们，角马属偶蹄目牛科。原来，角马非马。

　　我仔细观察面前的角马队伍，它们确实长着牛头，却有一副瘦马脸，而胡子又像是山羊的胡子。它们的头很大，前部身材宽厚，跟牛很像，但细腰之后又像马了。这样矛盾的长相，实在是稀有。它们在我面前奔跑着，仿佛是在欢庆自己已成功迁徙。

　　角马共有五种，尾巴有白色的，也有黑色的。我在肯尼亚看到的是西白须角马，又叫塞伦盖蒂白须角马，尾巴是黑色的。它们凭借每年的大迁徙行动闻名世界，也通过纪录片成了人们最为熟知的角马。

　　角马都喜欢群居。在我们面前奔跑的角马有数万只。它们跟着领头的角马在草原上疯狂地奔跑，一会儿跑向一个方向，一会儿又折返回来。我揣测，它们是在庆贺自己活着回到了马赛马拉，开心得不知道怎样庆祝这一幸运的时刻。

每年迁徙，过河真是险象环生

▲ 干旱的大地上，角马在寻找食物

　　据说，角马的嗅觉特别灵敏，它们不仅能嗅到狮子和猎豹的气息，也能嗅到丰美的水草味道。眼前，它们正欢悦地在夕阳下的彩虹雨里狂奔，想必是嗅到了雨后疯长的青草的味道，知道茂盛的青草很快就会铺满肯尼亚的荒野。

　　10月初，马赛马拉大草原拉开了雨季的序幕，天空时而砸下雨点，时而彩虹垂挂。水草丰美的日子终于来临了，草食动物们的大地餐桌上已经冒出了希望的嫩芽。

角马为什么不停地迁徙

　　对非洲的角马来说，迁徙真是一次危险的旅程。但是，为了获取丰富的食物和水源，它们必须去冒险。迁徙中，它们每天要辛苦行进约 48 千米的路程，还要面对狮子、斑鬣狗、非洲野犬等天敌的围追堵截，以及面临命丧马拉河中尼罗鳄之口的危险。然而，依靠顽强的毅力，角马一年四季周而复始地在塞伦盖蒂和马赛马拉的大草原之间不停地迁徙。

11

斑马原来不止一种

小时候在北京动物园看斑马，以为世界上只有一种斑马。到了非洲，我才知道，斑马是非洲特有的动物，有三个物种。生活在非洲东部、中部和南部的，是最常见的平原斑马。另有一种体格大、身上布满细条纹的大耳朵斑马，叫细纹斑马。细纹斑马生活在索马里、埃塞俄比亚南部和肯尼亚北部，也是地球上最早出现的斑马，因数量少，已经濒危。非洲南部还有一种山斑马，像小驴似的，有着大长耳朵，也属于濒危动物。在自然界，这三种斑马是不会杂交的。

在马赛马拉广阔原野上奔跑的，大部分都是平原斑马。平原斑马除腹部外，体表分布着比较宽的黑色条纹。斑马身上为什么会有这么多暗色条纹呢？科学家认为，在漫长的演化过程中，斑马身上的条纹是一种保护色。在阳光或月光下，颜色不一样的条纹反射的光线不一样，可以起到有效的隐蔽作用。比如人类把斑马身上的条纹运用到战术上，野战部队的战士在脸部画上条纹，也可以起到很好的隐蔽作用。

科学家还发现，斑马身上的条纹可以使它们免遭蚊虫叮咬。因为非洲大草原上有一种刺刺蝇，它们会传播一种睡眠病，有很多体表单色的草食动物被叮咬后会患病，而斑马因为身上有条纹，有效分散了刺刺蝇的注意力，因此睡眠病很少威胁到斑马。

我们居住在马塞马拉国家公园内的纳瓦沙湖边的酒店里，因为没有围墙，斑马经常以酒店为家。酒店的环境非常好，既安静又安全。肉食动物因为惧怕人类，从不敢靠近酒店，聪明的斑马就把这里当成了自己的伊甸园。

2016 年，马赛马拉草原上的斑马中间流行着一种传染病，在路边不时会见到斑马的尸体。尸体上没有任何伤口，或许是狮子、猎豹还没发现这些尸体，或许是它们更喜欢新鲜的食物。

在考察途中，我们遇到了一头在马拉河边垂死的小斑马，那生离死别的感人情景，至今令我难忘。

当时，我们的越野车正行驶到距马拉河口不远的地方，突然，一群有 20 多只的斑马，在周围停滞不前。按照往常的经验，斑马比较怕人，它们一看到越野车，就会迅速远离。但这次不一样，每只斑马的眼里都怀着恋恋不舍的神情。我们很快发现，原来地上躺着一只小斑马。

小斑马躺在地上，努力想抬起脑袋，但试了好几次都失败了。最终，它垂下头颅，无力地躺倒在草地上。小斑马的妈妈离它最近，显然想帮助孩子，但又不知道该怎么办。身边的其他斑马渐渐离开了小斑马，往草原方向缓缓地挪动。小斑马的妈妈看看族群，又看看躺在地上的小斑马，也无奈地慢慢离开了。它走过我们的车子旁边时，又回头望了望自己的孩子。可小斑马已经连抬头的力气都没有了，它睁着空洞的大眼睛看着天空，偶尔眨动一下睫毛。那眼神真是让人心酸。最终，斑马妈妈满怀不舍，追上家族的队伍，和它们一起走向了草原。

不幸的小斑马，独自躺在河边坡下的草地上，安静地等待着死神的降临。

▼ 东非草原上等待死神降临的小斑马

我们停车许久，想看看小斑马的结局。但是，这样悲惨的场景让所有人都为之伤心，家有孩子的父母更是看不下去了。摄影师赵超家的女儿还小，他率先说："不能再看下去了，太悲惨了，赶紧走吧！"

大自然里的生与死随时都在发生，马赛马拉原野上的野生动物们只能接纳命运送给它们的苦与乐，静待生命的明灭。

比起生活在水草丰沛的草原上的斑马，分布于索马里、肯尼亚和埃塞俄比亚的细纹斑马就可怜得多，它们大多生活在半荒漠地带。

我们在肯尼亚也见到了细纹斑马。它们是斑马中的"高大帅"，浑身干净得一尘不染，皮毛看起来非常雅致，斑纹的间距均匀而窄小，像是精心测量后画上去的一样，这些斑纹没有连到下腹部和尾巴根部。细纹斑马脸窄耳朵大，背上的鬃毛黑白相间笔直地立着，像大自然赐予它们的冠冕。

▼ 平原斑马

细纹斑马没有太强的抵御能力，生性谨慎，遇到天敌只能躲避和逃跑。但它们常逃脱不了狮子的追击，不幸成为狮子口中的美餐；因为它们的皮毛太精美了，又常常成为人类猎杀斑马时的首选。实际上，狮子捕食细纹斑马的数量是有限的，相比之下，人类的猎杀才是细纹斑马的灭顶之灾。据调查，细纹斑马已处于极度濒危状态，如果不采取措施，这一物种很快就会消失在人类的视野中。

在纳米比亚的山区，我有幸见过三只小小的山斑马。它们是斑马中体形最小的一种，生活在非洲西南部大西洋沿岸干燥的纳米布沙漠中。远远地看上去，小小的山斑马像精致的布艺玩偶，它们时而奔跑在赭石色的沙丘边，时而徘徊在长着低矮灌木的草地上。这里的年降雨量只有几十毫米，甚至常年无雨；但好在纳米布沙漠是世界上唯一靠海的沙漠，出奇地凉快，或许能减少一些对水的需求。

眼前的山斑马很快就消失在干燥的热气流中，从此，我再也没有近距离地观察过它们。

▼ 在非洲唯一一次遇到的细纹斑马

斑马是黑底白条还是白底黑条

　　每只斑马的条纹都是不一样的，与人的指纹一样，斑马的条纹是它们的身份证。那么，如果除掉毛，斑马的皮肤到底是什么颜色的呢？答案是，斑马的皮肤是黑色的。在胚胎早期，斑马全身都是黑色的，到了胚胎晚期，黑色素的生成受到抑制，就出现了白色的毛发。仔细观察我拍摄的斑马照片，可以发现斑马身上其实还有棕色的条纹，这也是黑色素被抑制过程中的变化。

12

非洲草原象的夕阳聚会

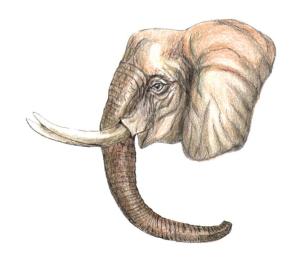

　　我非常崇拜大象，每次见到大象，总像见到了神兽一样。我站在大象身边，总能真切地感受到它们的坦然、淡定和自信。我一直认为，大象是非常有智慧的动物，它们的力量不仅仅来自于它们的重量和身材，更来自于它们的头脑。

　　2019 年春天，我在尼泊尔的奇特旺国家森林公园里看到了一头 79 岁的大象。它是被人工驯化后，专门驮游人进入奇特旺森林的。我本该乘坐它的同伴进入森林，但我坚决反对把野生大象当成人类的运输工具，更反对大象表演。于是，我拒绝乘坐。我们的领队已经付了乘坐大象的钱，大象的主人难以理解为什么我不愿像其他人那样兴奋地坐上大象的背。在准备给我当坐骑的大象走

之后，这头 79 岁的老象正好走过来。我问大象的主人，是否可以跟它合影。大象的主人点点头。于是，我给老象买了一把香蕉，喂它吃之后，抱着它的长鼻子，平生第一次搂住大象合了个影。当我抬头看它的眼睛时，我觉得它的眼神里透出无限的慈祥、温和，仿佛在看着我笑。

在非洲野外，一般不能这样近距离地接触大象，毕竟它们是野生的。我们与野生动物最好保持距离，互相尊重。

我们住在马赛马拉国家公园的酒店里，人可以自由行动，但是出了酒店，人绝对不允许下车。如遇内急无法忍受，全车人只能返回酒店，因为司机和向导不能保证你下车后会发生什么。为了所有人的安全，全程不开车门，所以，我虽然随身带水，但在车上不敢喝水，只有在返回驻地时才会赶紧补充水分。

▼ 由母象带领的象群

64

我们的**鼻子**比你的手还**灵活**，不信比一比

　　非洲象分为非洲草原象和非洲森林象，我们在东非稀树草原见到的都是非洲草原象。小的象群会有七八头大象带着小象，大的象群几十头不等，所有象群都由母象带领着。它们就这样行走在干燥的东非红土地上，成了一道令人震撼的风景。

　　成年大象所向披靡，一般没有动物敢冒犯它，尽管它脾气温和，但是一旦被进攻者激怒，几吨重的肉山可不是好惹的。小象因为个子小，视力和听力都还不够灵敏，时常会受到狮子和鬣狗的袭击。所以，母象特别关怀小象，象群也总是把小象围在中间。刚出生的小象无法像斑马和角马那样很快跟上队伍，象群就会在原地等待几天，等小象能跟上队伍了，大家再一起出发。

大象属于成长较慢的哺乳类动物，要到十三四岁才性成熟。如果没有人类的杀戮，它们的平均寿命可达 70 岁左右。

非洲草原象和亚洲象相比，有很多不同之处。非洲草原象比亚洲象更加高大，成年公象的肩高可达 4 米，体重通常有 6 吨，最重可达 10 吨；而亚洲象公象的肩高可达 3.4 米，体重在 3.6 吨左右，最重可达 6 吨。非洲象的耳朵像两把大蒲扇一样别在脑袋两侧，形状像非洲地图；亚洲象的耳朵小得多，比非洲象的耳朵更圆，形状像印度地图。非洲的公象和母象都有长长的门齿，俗称象牙，而亚

洲象只有公象有长长的象牙。因为有象牙的大象更容易遭受盗猎者的猎杀，现在人们发现，部分非洲象和亚洲公象也开始出现象牙变短和不长象牙的情况了，而且短牙和不长象牙的大象比例在上升。

非洲象的生存困境是盗猎严重，它们的数量因此逐年急剧下降。而亚洲象遇到的主要问题是栖息地被人类占领，因为栖息地的面积越来越小，数量也越来越少。

而今，非洲草原象和森林象都已经是濒危物种。但由于国际市场上的象牙价格一路飙升且居高不下，非洲象牙的非法交易屡禁不止。盗猎者将非洲象看作行走的金匣子，为了象牙和象皮不惜铤而走险。他们杀害大象的手段都极其残忍，为了得到完整的象牙，盗

夕阳下，东非大草原上每头大象的肚子都吃得滚瓜溜圆　**67**

猎者会直接劈开大象的颌骨，简直丧心病狂。

2013 年 9 月，在津巴布韦最大的自然保护区——万基国家公园内，盗猎分子竟然将毒性剧烈的氰化物投入大象饮水的水源，造成至少上百头大象中毒死亡。

考察途中，每次看到象群在水塘边喝水，我都充满担忧，在心里默默祈祷它们都能长寿无忧。有一次，在纳米比亚的埃托沙国家公园里，我见到了一个由 30 多头大象组成的非洲草原象群。这是我见过的成员数量最多的象群。它们在金色的夕阳下排好队伍，依次来到水塘边，先是成年母象和老象，再是少年象，然后是小象，最后是年长的象群首领。它们喝水时安静无声，这景象真是令人震撼！

到了水塘，少年象就像小学生一样活泼好动，它们彼此打闹喷水，洗脚洗背，欢快不已。小象更像是幼儿园的孩子，它们也顽皮地在水中钻来钻去地游戏。成年的母象阿姨和姥姥们都非常稳重，它们喝完水，顶多用鼻子往头上喷些水，就列队离开了。最后，阿姨们催促着少年象和小象一个个排队离开，它们走在最后，湿淋淋地走回已经暮色沉沉的草原。

 象群

被迫进化的非洲象

　　非洲莫桑比克戈龙戈萨国家公园中生活着许多大象，有科学家对其进行种群调查时发现：在上个世纪 70 年代，这里大约有 2500 头非洲象，其中大约 18% 的大象缺失了两根象牙，大约 9% 的大象仅有一根象牙。到了 2000 年，生活在这里的大象仅剩 200 多头，其中 50% 以上都是没有象牙的。多年来，人类为了获取象牙，对非洲象大肆猎杀，导致长牙象数量锐减，这也让短牙象增加了繁育机会，因此短牙象和无牙象的比例大大增加。

13

高颜值的长颈鹿

　　长睫毛、大眼睛、高鼻梁、高个子、大长腿、温和的眼神、温柔的脾气……这不是我的女友，而是长颈鹿。

　　小长颈鹿生下来就有 2 米高，你说人家高不高？长颈鹿是陆地上现存最高的动物！如果不到非洲，我也不知道长颈鹿有不同的亚种：西非亚种、赞比亚亚种、网纹亚种、努比亚亚种、马赛亚种、罗氏亚种、科尔多凡亚种、南非亚种、安哥拉亚种。

　　2016 年，科研人员在著名生物学期刊《当代生物学》（*Current Biology*）上发表了一篇论文，其中根据多基因序列数据的多位点研究结果，将长颈鹿归为 4 个物种：

　　北部长颈鹿，包括中非长颈鹿（科

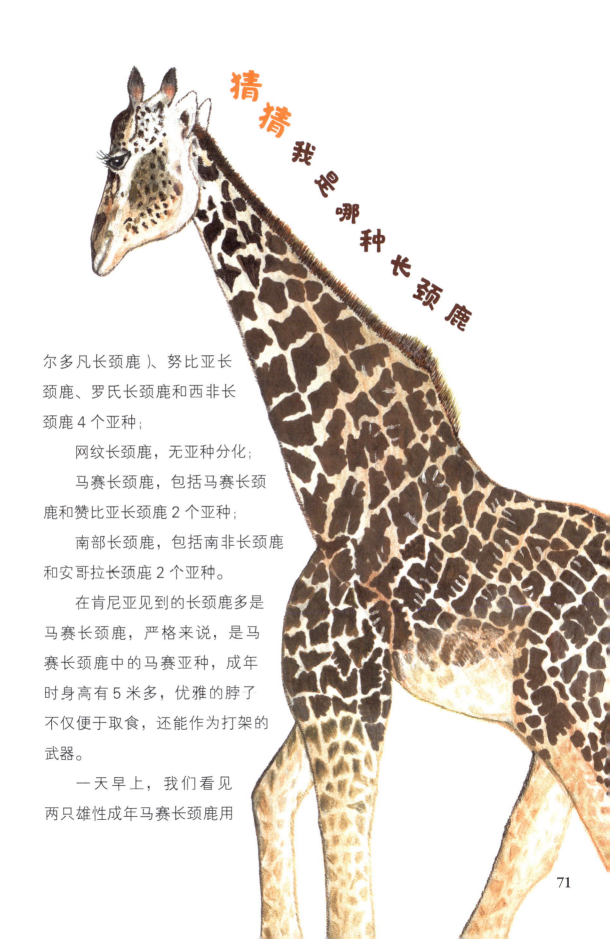

猜猜我是哪种长颈鹿

尔多凡长颈鹿）、努比亚长
颈鹿、罗氏长颈鹿和西非长
颈鹿 4 个亚种；

网纹长颈鹿，无亚种分化；

马赛长颈鹿，包括马赛长颈
鹿和赞比亚长颈鹿 2 个亚种；

南部长颈鹿，包括南非长颈鹿
和安哥拉长颈鹿 2 个亚种。

在肯尼亚见到的长颈鹿多是
马赛长颈鹿，严格来说，是马
赛长颈鹿中的马赛亚种，成年
时身高有 5 米多，优雅的脖子
不仅便于取食，还能作为打架的
武器。

一天早上，我们看见
两只雄性成年马赛长颈鹿用

脖子在互相撞击，你甩过来，我甩过去，打架的节奏因长脖子不好甩而显得缓慢，好似开启了慢镜头。但是两个家伙超级有耐心，就这么相互纠缠着，谁也不肯放弃。它们的大脑袋跟着甩来甩去，给人的感觉是打架还挺费劲的。

马赛长颈鹿出生时近2米高，体重近100千克。出生后半小时左右，它就可以自己行走。

马赛长颈鹿身上的斑纹有点像珊瑚或是葡萄叶，这是所有长颈鹿亚种中特别好辨认的一个特征。身上巧克力色的斑块不圆不方，不是那么整齐，边缘带着很多锯齿。马赛长颈鹿雌性的头部毛发浓密，而雄性的头部毛发比较稀疏。

我们在肯尼亚见到得比较多的另一种长颈鹿是网纹长颈鹿。它们身上的斑纹呈白色，没有小枝杈；身上的斑块是大大的褐色多边形，有时呈深红色。这也是在动物园里最常见到的一种长颈鹿，它们分布在肯尼亚的东北部、

▶ 努比亚长颈鹿

▲ 网纹长颈鹿

埃塞俄比亚和索马里。

　　肯尼亚是最适宜观赏长颈鹿的国家，因为这里生活着全世界4种长颈鹿中的3种。除了马赛长颈鹿和网纹长颈鹿，这里还生活着北部长颈鹿的罗氏亚种，也称为罗氏长颈鹿。罗氏长颈鹿的下肢为白色，没有花纹，这一点与马赛长颈鹿和网纹长颈鹿都不相同。在肯尼亚纳库鲁湖国家公园最容易见到罗氏长颈鹿的身影。

　　所有长颈鹿都是自带土豪金大衣的"帅哥靓女"，曼妙的身材挺拔有致，即便奔跑时，也带着傲娇的姿态。长颈鹿在野外可以活27

年左右，在动物园里可以活得更久一点。

　　我见到的长颈鹿都是小群活动，一般两三只，最多有五六只。除了争夺交配权时雄长颈鹿之间会用脖子打架，平时它们都是一副悠然平和的神态。我每次看到长颈鹿，它们不是在吃树叶，就是在去吃树叶的路上，反正一张嘴总在嚼着什么。

　　长颈鹿每天花差不多 20 个小时的时间来吃树叶。它们很少睡觉，只能靠多次打小盹来代替睡觉。这么高的身材要是躺倒睡觉可

▼ 在南非见到的南部长颈鹿

太危险了，一旦遇到险情很难迅速站起来，所以，即便是在打盹的时候，长颈鹿也优雅地站立着，不会睡得东倒西歪。

镰荚金合欢是长颈鹿最喜爱的食物之一。合欢树长有许多尖刺，看到长颈鹿用长长的舌头、厚厚的嘴唇去撸树叶，我总是担心它们会被刺痛。事实上，它们的舌头足够长和灵活，口腔里分泌的唾液也具有保护性，能让它们安全地享用被尖刺围绕的嫩叶。长颈鹿用嘴慢慢地从尖刺的缝隙中轻轻地摘下嫩叶，然后细嚼慢咽，一点也不着急，吃得悠闲而优雅。

长颈鹿不吃草却喜欢吃树叶，是因为它们长着原始的低冠齿，不能以草为主食，只能吃树叶。所以，它们就这样不停地慢慢咀嚼，一天能吃掉 60 千克以上的树叶和嫩枝。

长腿有时也会为长颈鹿带来烦恼。你看，长颈鹿喝水就费劲极了。我在南非的匹林斯堡国家公园里看到一只小长颈鹿在喝水，真

▼ 南非匹林斯堡国家公园的长颈鹿在喝水

为它感到担心，因为这是它最容易受到攻击的时刻。弯腰绝对是困难的，它的姿势看起来好为难，四条长腿要大大叉开；如果是成年的"高大帅"，甚至要跪下前肢，以便脑袋能够伸进河流。万一有狮子来偷袭，正在喝水的长颈鹿基本是无法及时收回身体来防御的，所以，很少见到长颈鹿一起喝水，它们总是一只喝水，另一只放哨。

不过，长颈鹿的长腿也是护身的利器。它们的天敌

▲ 马赛长颈鹿

狮子、斑鬣狗只敢接近老弱病残的长颈鹿。健康的成年长颈鹿个子高，眼珠外凸，自带一副天然望远镜，能很快发现狮子和斑鬣狗。只要一有危险，它们就会立刻甩开大长腿，以极快的速度逃离危险区域。

长颈鹿如果不幸遇到单只的狮子扑上来，它们的四肢可以前后左右抡圆了踢打，力量之大足以让狮子断腿折腰。所以，长颈鹿妈妈都是这样保护自己的宝贝的："敢欺负我的孩子，看脚！"它一脚丫子踢出去，可能直接击碎狮子的骨头，如果被踢中或踩中致命处，狮子直接毙命也有可能。

但是，如果单只长颈鹿遇上狮群，那就会寡不敌众。再厉害的动物也怕群体作战的敌人。团结就是力量，这是永恒的真理！

四种长颈鹿

花纹大不同

北部长颈鹿
（科尔多凡亚种）

北部长颈鹿
（努比亚亚种）

北部长颈鹿
（罗氏亚种）

北部长颈鹿
（西非亚种）

网纹长颈鹿

马赛长颈鹿
（马赛亚种）

马赛长颈鹿
（赞比亚亚种）

南部长颈鹿
（南非亚种）

南部长颈鹿
（安哥拉亚种）

14

每一只羚都身怀绝技

非洲草原上的大部分草食动物给我的印象都是温驯而安静的，它们是狮子、猎豹、斑鬣狗等肉食动物的口中之食。但是，即使非洲草原上最强的掠食者之一狮子，也有被非洲野水牛、长颈鹿、南非剑羚以及斑马这些大型草食动物杀死的记录。

南非剑羚杀死过非洲草原上的顶级掠食者之一斑鬣狗，东非剑羚杀死过非洲野犬，非洲灰霓羚甚至杀死过猎豹……看来，非洲草原上的各种羚真不是好惹的！它们自带尖锐的长角和有力的蹄子，都是防身利器。

全世界的羚羊种类众多，网络上的资料和照片信息又极度混乱，所以，如何辨别这些草食动物一度让我发蒙。但

是，有科学领队孙馆长的帮助，分辨它们就变得容易多了。

　　所有的羚羊都属牛科，难怪它们在长相上跟牛很像。身上有道道白色细纹，长着一双弯弯扭扭长角的是扭角林羚，它们有圆圆的耳朵，在双目之间和鼻子上方有一道横着的白斑。这些美丽的长角动物不幸成为人类猎杀的对象，因为它们的角实在是太漂亮了，人类想用这些角做装饰；狮子、猎豹、斑鬣狗、非洲野犬等也会攻击幼小的扭角林羚。扭角林羚跑得比较慢，它们除了往丛林里逃跑，没有其他的抵御手段。

　　扭角整体是直的、身上有少量白色纵纹的是普通大羚羊。普通大羚羊的身形很像牛，长着浅驼色的皮毛。它们是羚羊中的大个子，身材魁梧，最重的可达 1 吨。普通大羚羊不分雌雄都有角，它们的角大约有 40—70 厘米长。我在纳米比亚见到普通大羚羊的时候，

▲ 普通大羚羊

它们正在干燥的灌木林里找寻可以食用的果子和青草。在这样炎热的下午，想找到理想的食物并非易事。纳米比亚是个沿海的沙漠国家，一边是海水，一边是如火的沙漠。我一眼望去，哪里有可口的食物啊，到处是一片荒凉！

普通大羚羊肉质鲜美，加上脾气温顺，易于驯服，所以，非洲南部的肉食动物特别是斑鬣狗常常拿它们当美食。另外，人类也会猎杀普通大羚羊，占有它们美丽的扭角，吃它们的肉，用它们的皮做地毯。听上去真是血淋淋的剥夺！

南非长角羚是纳米比亚的国兽，也叫南非剑羚。2019 年夏天，在纳米比亚一片枯黄的原野上，四五只南非长角羚走近了我们。它们对人类不那么设防，好奇地看着我们的越野车，一副淡定的神情。

▲ 纳米比亚的国兽——南非长角羚

南非长角羚的样子很独特，带有螺旋的长角像剑一般长而直，面部独特的黑色斑纹从中央区延伸至双目和口部，好像套上了一个黑色的面罩。这种黑色的斑纹一条从脑后穿过脊背延至尾巴，一条由咽部延至腹侧；从侧面看，这些黑色斑纹完美地勾勒出南非长角羚的身体轮廓。

南非长角羚不分雌雄都有长角，它们生活在非洲南部的博茨瓦纳、纳米比亚、津巴布韦和南非等国家。出于长年生活在炎热干燥的环境中，它们进化出了神奇的"特异功能"：为了留住体内宝贵的水分，能使自己的体温从36℃上升到45℃。这是其他哺乳动物无法生存的温度，但是可以帮助南非长角羚缩小身体和外界的温差，从而减少热量的吸收，真是太神奇了！

▲ 南非跳羚群

　　在南非，我还近距离看到了大批跳羚。

　　那天住在德文维尔酒店（DEVONVALE LODGE）。早上 6 点，酒店外高尔夫球场周围宽阔的林地和湖泊附近，出现了一群跳羚，约有上百只，它们在晨光中悠然地吃着草。看到我们慢慢走近它们拍照，它们惊恐地跳起来，在密林和草地之间来回奔跑。跳羚只要跳起来，它的背部中央就会展开一道白脊，一直延伸到尾部。这是它们向群体发出的警告信号：有危险，快跑！

　　跳羚是干净而秀气的草食动物。它们的面和口鼻部为白色，从嘴角到眼睛有一条黑褐色的斑纹。背部呈明亮的肉桂棕色，腹部、臀部及四肢内侧均为白色，身体两侧沿腰窝各有一条巧克力棕色的宽条纹。

　　跳羚是非洲动物里有名的跑跳高手。它们可以跳到 3—4 米高，最远可以跳到 10 米；时速可以达到 90 多千米，而且，能够以最高时速连续奔跑一小时。正是因为拥有高速又持久的跑跳能力，连狮子都不轻易去捕捉跳羚，只有速度能与跳羚相比拼的猎豹，才是它们的天敌。但因为猎豹不能持续高速奔跑，差不多 3 分钟左右，就

必须停下来喘息，因此很难追上跳羚。

除了猎豹，鬣狗也是跳羚的天敌。鬣狗在奔跑上不具有优势，但是鬣狗出奇地狡诈，它会盯住新生的小跳羚，利用它们的好奇心，吸引那些没有经验的小羚羊离开妈妈。小跳羚一旦上当，基本就再也回不了家了。

在纳米比亚的一个早晨，我看到很多跳羚和一只长颈鹿来到一个几乎要干枯的水塘边，很多鹭珠鸡已经在水塘周围喝水，后来连黑背胡狼也赶来了。看着那么多动物聚集在小小的水塘边，我真是感叹野生动物生存的不易。

在南非，跳羚是国兽，自然条件优越，纯净的草原是它们的伊甸园。跳羚长得很像羊，却跟其他羚羊一样，也属牛科。那跳羚到底是牛还是羊呢？孙馆长说："牛、羊都属于牛科，牛科下又有牛亚科和羚亚科，跳羚属于羚亚科跳羚属。再简单点说，牛科包括牛和羊两大类，羊和羚羊是一类。"

清晨的林地上，跳羚看到我们对它们并无恶意，就远远地注视着我们。不一会儿，它们放松了警惕，溜达着去吃矮树上的叶子，

▲ 肯尼亚带"马桶盖"的迪氏水羚　　　▼ 南非带"马桶圈"的普通水羚

然后又慢悠悠地朝湖水走去。

在南非的匹林斯堡国家公园，我第一次看到屁股上带"马桶圈"的羚羊。它们长得矮矮壮壮，貌不惊人。我完全不认识它们，只好把照片拿给孙馆长看。孙馆长很幽默地告诉我："这是水羚。水羚有两种，一种屁股上带'马桶圈'，一种屁股上带'马桶盖'。"

水羚是牛科水羚属的动物。相比其他草食动物，它们活得很开心，因为它们能分泌一种"臭汗"，臭到非洲人不猎杀它们；连狮子也是饿到没有其他动物可逮，迫不得已才会捕捉水羚。

我在肯尼亚看到的迪氏水羚身材非常高大，它们属于孙馆长说的带"马桶盖"的那一种。当时我们住在纳古鲁湖附近的酒店，迪氏水羚也住在这里。白天它们带着宝宝在草地上散步，晚上就卧在

▼ 南非的黑斑羚

灌木下休息。附近有湖泊，虽然它们会游泳，但它们顶多走到湖边吃东西，并不喜欢泡在水里。我们在离它们只有两三米远的地方拍照，水羚纹丝不动，似乎它们才是酒店的主人，根本不把人当回事。

我在南非看到的普通水羚是属于带"马桶圈"的水羚。它们毛发蓬松而粗糙，屁股上有一个白圈，一眼就可以跟迪氏水羚区别开。

如果说跳羚像羊，那么水羚长得结实粗壮，更像小牛。

臀部有黑棕色川字纹的是黑斑羚，也叫高角羚。黑斑羚只有雄性才长角。黑斑羚拥有瘦而有力的长腿，一看就知道是善于奔跑和跳跃的角色。它们能跳 3 米高、9 米远，和跳羚几乎不相上下，都是动物界跳高和跳远的佼佼者。

认识我屁股上的川字纹，就记住我了

斑纹的妙用

　　水羚臀部的"马桶圈"和"马桶盖"、跳羚背部到臀部的白脊，以及美洲叉角羚臀部白色的"绒球"等，都可以充当一种信号。一方面给同伴报警，另一方面在集体行动时，能让后面的成员准确跟随。总之，动物身上的斑纹可不是白长的。

15

纳瓦沙湖的海雕和河马

纳瓦沙湖位于肯尼亚首府内罗毕北部的东非大裂谷之中，因断层陷落而形成。湖面南北长约 20 千米，东西宽约 13 千米，湖水最深处约 20 米，湖面海拔 1900 米，是裂谷内最高的湖。

这里是 400 多种鸟类的天堂，也是全世界鸟类学家的梦想之地。尽管有太阳暴晒，但因为海拔高，人在这里感觉还是很凉爽。这可能是我们在炎热的旅途中能够遇到的最凉爽湿润的地方了！

纳瓦沙湖湖边有大片纸莎草沼泽，所以，在这里可以买到用纸莎草制成的书签。我们乘坐独木船游进湖中，可以看见远处的河马安详惬意地泡在湖水中，白鹭在岸边悠闲地走来走去，鸬鹚站在水中的枯枝上左顾右盼，丰富的鲈鱼和非洲鲫鱼在清澈的湖水里游动着。向导们为了让我们看清楚非洲海雕，扔出手中事先准备好的鲫鱼。非洲海雕从高高的树枝上一跃而下，抓住鲫鱼就飞走了。其实，即使没有向导给非洲海雕扔食物，我们也能常常捕捉到它们在湖面抓鱼的瞬间，只是需要耐心等待。

　　雌性非洲海雕的个头比雄性要大，展翼可达 2.4 米，它们是隼形目鹰科的中型猛禽。非洲海雕翱翔的速度并不快，扇动翅膀的频率也比隼科的鸟类要慢，但它们仍能敏捷地落在湖面，抓到鱼后又瞬间飞离湖面。它们带着水珠在空中飞翔，那副豪气冲天的样子将

▼ 纳瓦沙湖的非洲海雕

▲ 非洲海雕

大自然神奇的创造力展现得淋漓尽致。

非洲海雕长得很英俊：金色的眼先、金色的喙根、金色的腿，都非常醒目；白色的头和胸部配上黑褐色的翅膀，自带一种骄傲和霸气。

我们坐在小船上继续前行，又遇到了伏在水中的河马，那气质与海雕可是相去十万八千里！在我看来，河马是一种非常凶悍的动物。它们巨大而肥硕的身躯

▼ 河马

有1—3吨重，特别是它那如盆的大口，是能要人命的利器。但此时它们趴在水中，安静得好像一块沉睡的褐色石头。

纳瓦沙湖边的酒店曾发生过河马伤人事件，这完全是因为游客不了解河马的习性引起的。在非洲，国家公园里的酒店通常都不设围墙，河马、斑马、水羚、绿猴等动物经常在酒店外的草坪上吃草或随意走动。一到夜晚，河马就经常出现在酒店附近。游客需要特别注意，如果遇到河马，不要惊吓或驱赶它，也不要试图跟河马合影，而要立刻回房间躲避。

河马为什么会在夜间来酒店呢？这是因为白天骄阳暴晒，没有太多毛发的河马靠泡在湖水里散热，它们不能离水太久，否则皮肤就会干裂，脱水对它们来说是极其危险的。所以，只有到了黄昏或晚上，它们才会上岸吃草，然后再返回湖中。酒店的草坪一望无际，一到晚上又很少有人，河马就选择把这里作为进食的草场。

▲ 河马的尾巴很短

尽管河马看上去一副胖乎乎、呆头呆脑的样子，但是千万别以貌取人，它们的脾气可不温顺。河马的视力并不好，一旦嗅到人类接近的味道，受到惊吓的它们就会大发脾气。这个大家伙脾气拧得很，如果夜晚遇到惊叫的游客靠近，再被闪光灯的强光刺激到，它会动用铲车一样的大牙齿冲过来咬人。有时，它在河里发起怒来，会顶翻小船，甚至把船咬成两段。想想这恐怖的画面，谁还敢跟邂逅的河马合影呢？

　　每每在船上看到河马在湖中露出粉红和黑褐色的油光水滑的身体，冲我们张开粉色的巨口时，我便觉得那是河马的"亮剑"之举：看见没？我的武器不差，你的船悠着点开啊！

　▲ 马拉河中，小河马与父母在享受宁静的下午时光

河马的亲戚是谁

　　尽管河马的身体很像猪或其他陆地上的偶蹄目动物，但它们最亲近的亲戚其实是鲸鱼和海豚。这是不是让你意想不到？有理论认为，河马与鲸鱼、海豚的半水生共同祖先最早在 6000 万年前与其他偶蹄类动物分化，而河马与鲸鱼、海豚之间则是大约在 5400 万年前形成了两个独立的演化支。

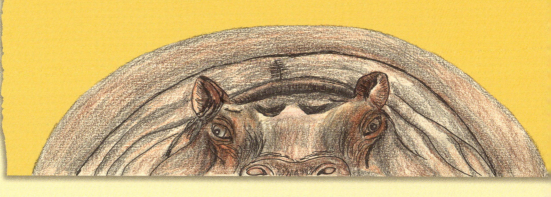

16

东黑白疣猴、绿猴和狒狒

　　我来非洲之前不是很喜欢灵长类动物，总觉得猴子是招猫逗狗、上下乱窜的"泼皮无赖"，猩猩则是可怕的黑大壮形象，但是在肯尼亚见过东黑白疣猴之后，我对灵长类动物的刻板印象开始改变了。

　　东黑白疣猴是我在肯尼亚遇到的第一种可以交流的野生动物，它们出现在鳟鱼树餐厅（Trout Tree Restaurant）附近。鳟鱼树餐厅是一家树屋餐厅，位于三层高的树屋之上，傍水而建，造型狂野而朴拙。用餐前，树枝间呼啦啦来了一群黑白相间的猴子，我赶紧跑过去拍照。无奈餐食已上，餐厅的服务生喊我们先回来用餐，因为烤肉若是凉了就不好吃了。

用餐时，孙馆长告诉我们，这些毛色黑白相间的猴子叫东黑白疣猴，它们肯定是嗅到了食物的香味才兴冲冲跑过来的。餐厅的管理人员叮嘱我们只能给猴子面包，其他食物千万不要给，毕竟它们是野生动物，不能乱吃东西，一旦生病就麻烦了。于是我拿了一片面包去找东黑白疣猴。

东黑白疣猴天生一张忧愁的面孔，它们的头顶长着茂密的黑色毛发，像戴了一顶中国的道士帽。整张脸周围生有一圈白毛，无论大猴小猴雌猴雄猴，看起来都像老爷爷一样。它们身体两侧披着长长的白色毛发，好像披着一个斗篷。它们还有一条美丽飘逸的长尾巴，末端是蓬松的白色长毛，在树间跳来跳去的时候，尾巴灵动地甩来甩去，好像道士的白色拂尘，真有种仙风道骨的感觉。

它们因为有着美丽的皮毛，所以很容易遭到人类的捕杀。东黑白疣猴爱吃果子和谷物，所以我给它们面包，它们很开心地拿起来就吃。

▶ 东黑白疣猴

▲ 性情温和的东黑白疣猴　　　　　▼ 纳瓦沙湖边的绿猴母子

它们从我手心里拿过面包的动作轻柔极了，一点也不像猕猴那么霸道和蛮横。没有得到面包的东黑白疣猴则面带愁容地望着我，好像在说：我也饿着呢！

我觉得东黑白疣猴比其他猴子漂亮得多，它们的手只有四个指头，拇指已退化成一个小疣，这是疣猴类的特征。

绿猴是我在纳瓦沙湖边酒店里每天都会遇到的灵长类动物。刚住进酒店的时候，服务员就告诉我们，一定要把屋里的茶包和砂糖藏好，因为聪明的绿猴会开门去偷这两样它们喜欢的食物。看来，绿猴的品位不错啊！我一进屋子，索性就把茶包和砂糖递给了门外带着宝宝的绿猴妈妈，于是娘儿俩一人一包吃起了茶叶和砂糖。

绿猴的毛发并不是绿色的，而是金黄中闪着绿色的光泽。它们的脸颊上不长毛发，但周围有一圈白毛衬托着阳光下紫黑色的脸庞。雄性绿猴的阴囊是天蓝色的，十分鲜艳。

绿猴身体轻盈且性格温和，没有死缠烂打的恶习。绿猴妈妈和小绿猴宝宝经常把酒店里叶子花开的深玫红色的花朵揪下来，小猴把花衔在嘴上，猴妈妈闻了闻花香，把花戴在了耳朵边。尽管花很快就掉了下来，但这种神奇的行为让我几乎看呆了——绿猴竟然知道用美丽的花朵来装饰自己。"以花为美"本是人才有的高级心理活动，可看起来绿猴也知道"美"这件事，不知道我这算不算是观察到了一个重要的动物行为。

为此，我喜欢上了院子里安静又活泼的绿猴母子，时常给它们一些茶叶和砂糖。绿猴是高智商的灵长类动物，美国科学家对它们进行过研究，发现它们有自己特殊的语言系统，而且不同地区的绿猴还有自己的方言。它们的面部表情非常丰富，可以表现出满意、愤怒、兴奋、愉快、沮丧等不同的情绪状态。

然而，高智商没有给绿猴带来过多的生存优势。它们幼崽的成活率不高，柔弱的身体和高密度的数量分布，使它们成为很多肉食动物的"盘中餐"，甚至连狒狒也会吃它们。

　　值得注意的是，科学家曾经对绿猴进行过取样调查，200只绿猴中竟有70%的个体携带有类似艾滋病的病原体，由于绿猴拥有健全的免疫系统和强大的免疫力，病毒并不发作。我在非洲时不知道这个情况，后来回国才看到相关信息，不禁感到后怕，这要是在非洲因为被绿猴抓破或接触绿猴的血液而受到感染，那可真是太可怕了！

　　所以，走到任何地区，面对任何野生动物，都要做到"不触摸、不惊扰、不喂食"，这"三不原则"是科学工作者的不二箴言。可我常常做不到，看到可爱的动物就想摸摸，这是多么危险的事情啊！

　　然而，在肯尼亚看到东非狒狒时，我丝毫不想去接近，因为狒狒看起来很粗野。我会"以貌取猴"，凡是丑的都不能入我的眼。我每每看到性情无常、喜爱打架、身材魁梧的它们，心里就怕怕的。狒狒臀部的胼胝色彩鲜艳，像贴着一大块膏药，简直让我不忍直视。

▼ 肯尼亚荒野上的非洲草原象和东非狒狒

当然，这种带有个人主观色彩的偏见是非常不科学的。

东非狒狒也叫橄榄狒狒或绿狒狒，因为它们的皮毛带有橄榄色的光泽。据说，从侧面看它们很像埃及的阿努比斯神，所以也被叫作阿努比斯狒狒。东非狒狒的犬齿非常尖利，捕食绿猴和小羚羊都不在话下！

我在纳米比亚，看到过一群打架的豚尾狒狒，它们吱哇乱叫，暴躁地上蹿下跳，又撕又咬，下起手来毫不留情。在狒狒群体中，社群等级序位分明。首领的地位至高无上，整个群体都必须对它俯首听命。如果遇到侵犯领地的外来者，首领会冲在最前面，群体中的每只狒狒都像勇猛的士兵一样紧随其后。看着它们乱掐成一团，叫声刺耳，我按动几下快门，赶紧溜之大吉。

据说，狒狒也吃农作物，它们会成群结队去毁坏农田，所以时常遭到农民复仇般的恶意射杀。人类的利益不容侵犯，而动物也要满足自己的生存需求，既要兼顾各自的发展，又要考虑环境保护问题，所以，人与自然的和谐共处真不是一件简单的事情啊！

▼ 东非狒狒

▼ 豚尾狒狒的表情很有意思

身体颜色很重要

　　动物身体的颜色可能对它有着特别的意义，比如雄性绿猴的阴囊之所以鲜艳漂亮，是因为阴囊颜色的深浅代表了它在猴群中的地位，通过显示阴囊可以与其他猴子进行无言的地位等级较量，社会等级进一步决定了绿猴是否有与雌性交配的权力。所以，动物的身体不是无缘无故地鲜艳好看，这些独特的色彩对它们而言意义重大。

17

长腿仙鸟们的华丽出场

▲ 鞍嘴鹳

非洲是世界上鸟类最多的地区之一。当北半球进入冬季时，很多鸟类会从那里迁徙到温暖的非洲。

非洲鸟类的羽毛都特别美艳。灰冕鹤是一种大型涉禽，是乌干达的国鸟，它们天生就有着皇家气派。它鲜红色和白色组成的面颊，配上黑色的头羽和喙，形成黑白红三色的经典搭配。喉部有红色的肉垂，正好与眼睛后方的红色斑块相呼应，鲜艳而雅致。枕部金黄色的丝绒根根直立，让它们看上去就像戴了一顶王冠。低调的灰色颈羽像披肩，一直垂到胸部，渐渐变为灰紫色。

在非洲酒店里的动物乐园中，我经常能看到灰冕鹤。它们的数量本来并不少，但是因为近年来受到农业发展的影

▲ 灰冕鹤

响，原始湿地不断被开发，灰冕鹤逐渐丧失了栖息地。

　　我没有见到灰冕鹤的近亲黑冕鹤。这两种鹤都是可以上树栖息的鹤，这点和我们在国内常见的鹤不同。我在非洲见到的另一种鹤形目大鸟，是灰颈鹭。它们是世界上能飞行的体重最重的鸟，雄性灰颈鹭的体重可达 18 千克，展翅可达 76 厘米，雌性比雄性要轻和小一些。灰颈鹭颈上的羽毛非常丰满，鸣叫时会膨胀得像充气的圆球。它颈部和胸部的羽毛都有很细腻的纹理，头上有黑色冠羽，胸

▲ 灰颈鸨

部的羽毛是白色的，两侧带有黑色斑点，翅膀上的羽毛是深深浅浅的咖啡色。灰颈鸨这种与草色相近的羽色，使得它在非洲草原上更容易藏身。

白翅黑鸨也叫白羽鸨，它比灰颈鸨的羽毛色彩更明澈，黑白相配的羽毛搭上黄色的长腿、粉色的喙根，真是精致典雅。白翅黑鸨生活在非洲撒哈拉沙漠以南地区，我们发现它的时候，它和灰颈鸨一起出没在一片高草丛中，也许那片草丛的深处有水源，这正是鹤形目鸟类喜欢的生境。

非洲鸵鸟是世界上现存最大的鸟类，雄鸟身高2.5米左右，雌鸟稍小。我第一次看到的非洲鸵鸟是黑鸵鸟，酒店管理鸟类的饲养员给我食物让我去投喂。它们不是野生物种，而是人工繁育出来的，用于满足人类对鸵鸟皮、蛋和肉的需求。

非洲鸵鸟的喙非常有趣，呈三角形，它们的脖颈特别长，三角形的喙动起来的时候使它看起来有点像蛇。即便是半饲养的黑鸵鸟，也不要盯着它们看。鸵鸟很好奇，对闪亮的东西尤其感兴趣，所以可能会啄向人的眼睛或眼镜片。它们的喙十分有力，这对人来说是非常危险的。

非洲鸵鸟是世界上现存鸟类中唯一有

104

▼ 白翅黑鸨

两根脚趾的鸟类。它们是鸟类，但不会飞翔，属于走禽，善于奔跑跳跃。与澳洲鸵鸟不同，非洲鸵鸟有不同的亚种，不同亚种之间还有明显不同。

非洲鸵鸟指名亚种，也有人叫它们北非红颈鸵鸟。它们的脖颈和腿都是粉红色的，但没有马赛亚种那么红。雄鸟浑身是黑色的羽毛，雌鸟是浅灰褐色的羽毛。它们是身材最高的非洲鸵鸟。

非洲鸵鸟的马赛亚种更漂亮，也叫马赛红颈鸵鸟。与北非红颈鸵鸟不同，它们头顶有一层绒毛。雄鸟的体羽为黑色，双翅及尾部的尖端有白色的漂亮长羽，颈部呈肉红色或鲜红色，大腿的颜色在繁殖季节会变得更鲜艳。雄鸟的尾羽覆有棕色绒羽，雌鸟则暗淡许多，体羽均呈灰褐色。它们非常耐热，能在气温50℃以上的酷暑下寻觅食物，甚至可以几个月不喝水。

非洲鸵鸟的南非亚种，也叫蓝颈鸵鸟。雄鸟的颈部和腿部呈蓝灰色，尾羽呈棕黄色。上喙有些许黄色，下喙是粉色的，看看，人家自带的"唇妆"都是这样的超级前卫，不用一种颜色。它们还有两只炯炯有神的褐色大眼睛。它们善于奔跑，喜欢饮水和洗澡。在纳米比亚，我在去往纳米布－诺克卢福国家公园的路上看到了它们。

▲ 马赛亚种红颈鸵鸟

它们的腿上有一条粉色的线，非常独特。

非洲本来还有阿拉伯亚种的鸵鸟，但是它于1966年就被宣告灭绝了。

野生状态的鸵鸟翩翩起舞时就像天才的芭蕾舞演员，姿态优雅又高傲，看它们在天幕之下行走，真像是在看一场演出。

非洲很多大型鸟类都有自己的独特标志，比如鞍嘴鹳，它最独

▼ 南非亚种蓝颈鸵鸟

特的地方是，无论雄鸟还是雌鸟，喙上部都有酷似马鞍的黄色肉垂。雄性鞍嘴鹳的眼睛是黑色的，喙下部还有两个黄色的小肉垂；雌性的眼睛是黄色的，喙下部没有肉垂。雌雄鸟都有鲜红的喙根，长长的喙中间 1/3 部分是黑色的，剩余的 2/3 部分都是红色的。它特别有趣的地方是：黑色的头颈与白色的腹背形成鲜明的对比；在上腹部中间的位置有一小块类似心形的红色裸皮，就像时时在对爱人表白"猜猜我有多爱你"。

　　鞍嘴鹳与所有鹳科鸟类一样，有一双大长腿，但它们把自己演化得超级富有个性，凡是关节处都是红色的，以至于远远看上去，像穿着可爱的红色护膝和袜子。

　　相比之下，相貌丑陋的非洲秃鹳很多人都不喜欢。它们爱吃狮子剩下的腐肉，也喜欢飞到人类的垃圾站找吃的。它们的头部和颈部进化成没有毛发的样子，就是为了让脑袋更容易伸进已经变成腐肉的动物腹腔，以免弄脏自己的身体。

　　非洲秃鹳的脖颈前面有个粉色的大肉垂，这也是很多人厌恶它的原因所在。这个肉垂叫喉囊，在求偶时用于炫耀。喉囊可以由鼻孔充气变得膨胀，看上去好像一个大肉瘤似的。

大家好，我叫鞍嘴鹳

▲ 非洲秃鹳

  非洲秃鹳确实是个头顶没毛的"秃子"，无论雌雄都因谢顶而倍显苍老；它们的脸上、喙上长满黑色的斑点，这些斑点就像老年斑一样把它们点缀得更加沧桑。非洲秃鹳有点凶恶，它的食物中包含颜值高的小火烈鸟、鹈鹕雏鸟和鸬鹚雏鸟，也包括鱼、鳄鱼蛋、小鳄鱼和青蛙……看上去真是胃口超好。

  在肯尼亚的时候，我曾经在草坪上邂逅了一只雄性的老非洲秃鹳。为了练习摄影技术，我近距离给它拍摄了半个小时。看我围着它左转右转，这只非洲秃鹳超级配合，一点也没有不耐烦，颇具老者的包容之心。

我是少年老成的秃鹳

非洲鸵鸟大不同

指名亚种

马赛亚种

南非亚种

亚洲为什么没有鸵鸟

　　亚洲已经没有野生鸵鸟，我们常听说的野生鸵鸟是非洲鸵鸟、美洲鸵鸟。但是在地球的历史上，新生代第三纪的时候，鸵鸟曾广泛分布在欧亚大陆，北京的周口店就发现过鸵鸟蛋化石。由于人类的大量捕杀，野生鸵鸟在欧亚逐渐绝迹，非洲野生鸵鸟的种群数量也在不断下降，非洲北部的鸵鸟已经濒临灭绝。

18

埃托沙国家公园里的群织雀

我会**自己****盖房子**，**很棒吧**

2019 年的夏天，我从英国伦敦去纳米比亚的首都温得和克，与孙忻馆长等一行人汇合在埃托沙国家公园里的草屋酒店。埃托沙国家公园是非洲最大的动物保护区之一，上个世纪初由德国殖民者建立，在当时是世界上最大的动物保护区，也是非洲最早的动物保护区，距温得和克大约有 5 小时的车程。这里有 600 多种野生动物，其中包括 300 多种鸟类。

我们住在国家公园里面，每天早晨推开酒店房间的屋门，就能看见一个水塘。水塘边从早到晚不时有大象、长角羚、斑马、跳羚、鹭珠鸡、黑背胡狼等动物穿梭往来，喝水的、洗澡的、集会的，热闹非凡。如果不想睡觉，夜晚完全可以坐在屋前的木椅上，一边看星星一边夜观动物。

夜晚，雄性的独行侠大象来得比较多，它们把这个水塘当成社交场所，到这里喝水、聚会。它们无声地蹭蹭身子、碰碰头，彼此用长鼻子问候一下，然后分别朝不同的方向走去，消失在夜幕中。

埃托沙国家公园地处干燥的地带，一到旱季，水塘很容易就干涸了，这会令很多动物因缺水而丧命。为此，公园内修建了大大小小的人工水塘，星罗棋布地散落在 2.2 万平方千米的土地上，成为众多动物的生命之源。这里利用太阳能发电，小蓄水池、人工水塘都是以环保的方式修建的，通过抽取地下水的方式，为动物们的生存提供了最大保障。

我们房间前面 20 米左右的地方就有一个人工水塘。水塘前修建了一道低矮的墙，可供驻店的游人在矮墙后观看或拍照，同时也保护了野生动物不被人类侵扰。在矮墙边的树上，群织雀修建了自

▲ 群织雀

▲ 红嘴奎利亚雀

己庞大的"社区"，它们毫不在意人来人往，衔着巢材继续"添砖加瓦"。

在这个水塘边，我见过很多种织雀，其中就有大名鼎鼎的红嘴奎利亚雀。它是世界上数量最多的鸟，据说在非洲有 100 亿只。当地人管红嘴奎利亚雀叫"有羽毛的蝗虫"，因为它们常常成千上万只铺天盖地而来，一浪接着一浪，车轮碾压般掠食成熟的农作物，直到吃得颗粒无收，所以，非洲的农民都超级痛恨红嘴奎利亚雀。红嘴奎利亚雀之所以泛滥成灾，有科学家分析了原因：一方面，它们以吃种子为生，繁殖率高；另一方面，由于当地农业的开发，大面积播种的农作物给红嘴奎利亚雀带来了更多获取食物的机会。

2016 年，也就是我去肯尼亚的那一年，肯尼亚的邻居坦桑尼亚不堪忍受红嘴奎利亚雀对农业的破坏，杀死了几百万只红嘴奎利亚雀。即便如此，这也只是保护了一座城市周边的农作物，而整个坦桑尼亚有 15 亿只红嘴奎利亚雀。这真是一个令人头疼的问题！

红嘴奎利亚雀也是会编织巢穴的小鸟。它们腹部是淡灰色羽毛，背部是带白边的深灰色羽毛，两翼的翅膀带点黄色；有的腹部和胸部是金色或鹅黄色的羽毛。它们红嘴红眼圈，眼周围有黑色的羽毛，好像戴了墨镜似的。红嘴奎利亚雀的雄鸟负责筑巢，它们用草茎、草叶等纤维在树干编织非常精致的垂吊式鸟巢。

▲ 黑额织雀和它的巢

我在纳米比亚穿过纳米布－诺克卢福国家公园的途中，在一个小绿洲吃午餐。那边好几棵树上似乎有红嘴奎利亚雀的身影，我在树下仔细辨认了半天，小鸟的嘴是黑色的，身体是明亮的黄色，原来它们是黑额织雀。黑额织雀也是灵巧的建筑师，它们的嘴巴能用衔来的细草叶把巢穴编织得十分漂亮。

红头环喉雀属梅花雀科，它们也筑巢。它们的巢和织雀的巢很相像，也十分精巧，不同的是有一个向下开的口子，因为它们的鸟巢是用来育雏的，门大，方便亲鸟进进出出。我用望远镜从一个巢口往里看，却发现巢中有一只还没有睁开眼睛的幼鸟已经死去了。是亲鸟出了意外，没有回来喂食，导致鸟宝宝饿死了？还是鸟宝宝生病夭折了？一切疑问都没有答案。

▲ 红头环喉雀

世界上数量最多的鸟

红嘴奎利亚雀是世界上数量最多的鸟。这种集群生活的织雀甚至连大象也不怕，当它们想独占水塘时，数万只鸟群起而攻之，就可以轻易赶走前来饮水的大象。因为危害到农业，人们也尝试用毒药、炸弹等来杀死红嘴奎利亚鸟，但是毕竟非洲地广人稀，局部小鸟的死亡并不能改变种群的整体数量。无论哪种动物，一旦泛滥成灾都将成为洪水猛兽，只有均衡发展，才能保持自然和谐。

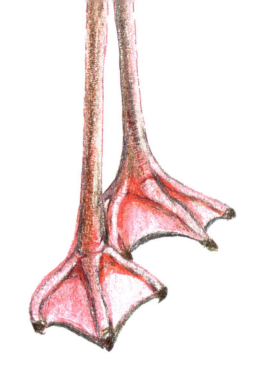

19

鲸湾港和鹈鹕岬

从纳米比亚的斯瓦科普蒙德往南走30多千米，就到了鲸湾港。我们在8月底到达这里，几乎没有看到鲸的影子，在海上寻觅良久，才看到远处的座头鲸扬了一下尾鳍，但又飞快地沉入海底，再也没有出现。

不过，鲸湾港有成群的火烈鸟降落在海边，让我大饱眼福。鲸湾港又称为沃尔维斯港，由葡萄牙航海家巴尔托洛梅乌·缪·迪亚士于1487年底发现。这里的堰湖栖息着超过5万只火烈鸟，占非洲南部的大部分数量。

除了堰湖，鲸港湾还有由潟湖外围伸入大西洋所形成的狭长半岛——鹈鹕岬。这里野生动物丰富，有海豹、海豚等在此栖息。我们的双体船出游在大海上，有一只小海狮主动为我们表演了精彩的跳水。它追上我们的双体船，跳到双体船舷一侧的脚踏板上休息，一会儿又蹿入水中。它身上有一道明显的伤痕，很像是划痕或勒痕，好在不管曾经遭受过什么灾难，它都闯过去了。现在，它看上去很快乐，与人进行着友善的交流。

▼ 纳米比亚鲸湾港的火烈鸟

鹈鹕岬有很多白鹈鹕，这些鹈鹕着实让人喜爱。没有上船之前，这些鹈鹕就已经在码头的木桩上等候我们了。我们一上船，它们立刻飞到船的甲板上，主动要求照相。队友们争相与鹈鹕合影。这些白鹈鹕张开大嘴，要不衔着人的脑袋，要不衔着人的胳膊，摆出各种造型，简直贴心无比。当然，船上的黑人水手已经为白鹈鹕备好了酬谢的小鱼，等我拍完照想再去和鹈鹕套个近乎，鹈鹕们已经吃饱，纷纷展翅高飞了。

白鹈鹕浑身雪白，眼睛周围有粉色的裸皮，长长的大嘴下面是醒目的黄色皮囊，粉红色的双脚粗壮有力。它们是大型水鸟，特别善于御风而翔。每年春天3—4月和秋天9—10月，白鹈鹕往返于非洲和欧洲中部或亚洲中部之间，它们迁徙的路途十分遥远。

在我们驻地的海岸边，每天早晚都有鹈鹕和火烈鸟出现。不同于之前船上见到的鹈鹕，它们不爱主动靠近人，面对我们的近距离拍摄，它们毫不领情，张开翅膀逃之夭夭。

▲ 鹈鹕岬的白鹈鹕

火烈鸟在中国

　　火烈鸟大多生活在赤道附近，中国并不是这种鸟类的分布区。1997年，我国新疆地区首次发现了火烈鸟，当年及第二年又出现两次观察记录，由此，火烈鸟成为中国鸟类的新记录种。从那以后，中国多次出现关于火烈鸟的观察记录：2014年，山西运城盐湖中首次发现火烈鸟，后来逐年增多，至今火烈鸟已连续多年在那里越冬；2020年，山东黄河口观测到了4只火烈鸟；2021年，江苏东台条子泥湿地飞来一群火烈鸟，达10只之多，种群数量为历年之最；青海可鲁克湖的几只火烈鸟已在当地安家多年……这些火烈鸟从何而来？为什么在中国停留？有待鸟类学家的研究。

20

斑鬣狗和黑背胡狼

斑鬣狗和黑背胡狼是非洲草原上最具活力的角色。与狮子相比，它们的身材并不高大，但是善于在夹缝中求生存。

斑鬣狗是电影《狮子王》里的大反派，现实中，我绝对没想到它们竟是非洲草原上排在狮子之后的第二大凶猛动物。斑鬣狗是鬣狗科动物，有着强大的进食和消化能力，是擅长掏腹的猎手，残忍、贪婪而狡猾；它们更多是集体围攻猎物，能够杀死比自身高大得多的斑马、角马、羚羊等草食动物，甚至敢与狮子、猎豹争食并展开大战。

斑鬣狗的族群由一只雌性领导，在族群中，成年雄性的地位最低。这种具有极强社会性的动物是非洲草原上重要的一员，但让我对它们没一丁点好感的是，它们那一身烂棉絮似的皮毛以及凶猛、贪婪的个性。

▲ 非洲野犬

非洲野犬是犬科动物，比斑鬣狗的数量少。它们因为栖息地减少，难以与大型猫科动物竞争等诸多因素，近年来数量急剧减少，已被世界自然保护联盟评估为濒危物种。

非洲野犬与猫科动物不同，它们不依靠潜伏、偷袭来捕猎，而是采用集体追踪的群猎方式，这是犬科动物的特性。它们喜欢捕猎黑斑羚一类的草食动物，家庭观念极强，不吃独食，成年野犬打猎回来后会把食物吐出来，分给幼崽和守巢的同伴。

黑背胡狼也是犬科动物，它是非洲草原上给我留下印象最深的动物之一。

鲸湾港以南48千米处就是三明治湾。这一带属于大西洋，红

▲ 纳米比亚三明治湾的棕鬣狗在沙漠中一路狂奔

▲ 纳米比亚三明治湾沙漠中的黑背胡狼

　　沙入海的奇观让这里成为世界最著名的风景区之一。从印度洋吹来的潮湿水汽跨越非洲大陆大西洋东海岸，在来到三明治湾后遇到了本格拉寒流，让这里的空气一下子变得寒冷干燥，形成了一边是沙漠、一边是海水的地理奇观。就是在这里的沙漠中，我们遇到了三只俊美的黑背胡狼。

　　在三明治湾的沙漠中，除了低矮枯干的沙地灌木，连一根绿草也看不到，动物的生存艰难可想而知。但三只黑背胡狼快乐安逸的眼神中，却放射出乐观的光芒。

　　黑背胡狼有着狐狸一样尖的嘴巴，自带一条黑灰色的毯子，从脖子后面一直铺展到尾巴梢。它们身体上其他部分的毛发浅棕中略带金黄，脖子下面、腹部和腿的内侧全是白色的，看上去年轻干净、精明挺拔。它们长着大耳朵、大长腿，善于捕捉细小的声音和奔跑。

我看到过一张现存狼状犬科动物系统发育树，黑背胡狼属于最初级的狼状犬，与其他犬属的成员之间存在着很大的遗传差异。

　　据说，黑背胡狼比狮子、斑鬣狗、猎豹更加有智慧，也更能适应环境。它之所以被人叫作"非洲大佬都不伤害的路人王"，那是因为它们实在弱小，身上没有多少肉，腿长跑得又快，狮子追它们当食物就是在白白消耗体能，所以，没有大佬（大型肉食动物）爱搭理它们。于是，黑背胡狼坦然地出现在各种猛兽吃饭的餐桌旁，安静地等着吃剩饭，大佬们也从不咬它们一口。

　　据生物学家观察，黑背胡狼虽然属于弱小一族，群体的凝聚力却极强，团结协作是它们生存的准则。黑背胡狼坚守一夫一妻制，它们大部分是终生相伴。黑背胡狼妈妈一胎能生 1—9 个宝宝，这么多孩子的口粮光靠爸爸一只狼去打猎实在困难，孩子们也很难养大。因为刚生下来的狼宝宝要出生 10 天后才睁眼，2 个月后才断奶，半年后才能自己独立寻找食物。这期间，上一年出生的大哥、大姐会留在家里当保姆，帮外出觅食的爸爸妈妈看护宝宝。有了帮手，黑背胡狼的幼崽存活率相当高。

　　黑背胡狼也是审时度势的机会主义者。它们打不过身强力壮的斑

我身披**毯子，不怕冷**

鬣狗，就加强自家安保措施。虽然黑背胡狼的幼崽会时常被斑鬣狗偷袭，但是在打猎的过程中，黑背胡狼和斑鬣狗又总能相互合作。

黑背胡狼善于发现腐肉，捡拾大型肉食动物的剩饭。斑鬣狗看重黑背胡狼的这种能力，就跟着成年的黑背胡狼一起去觅食，一旦发现了食物，它们会狡猾地抢上去先吃。当然，相比斑鬣狗瘦小得多的黑背胡狼也会心平气和地等待吃剩的残羹。

黑背胡狼是杂食性的犬科动物。它们吃植物，吃人剩下的食物、垃圾，也捕食老鼠、兔子、蟋蟀、甲虫、鸟类，甚至有人看到它们捕食幼年的海狗。我们的越野车行驶在沙漠中，我看到三只年轻的黑背胡狼奔跑在漫天黄沙中，中午骄阳似火，四周根本没有任何可以吃的食物。我们的向导和司机确认安全后，把中午从餐厅带来的面包、烤鸡和烤鱼块全给了它们。看黑背胡狼小伙子们吃得开心，我抓住时机拍摄。不是所有的黑背胡狼都能这么幸运，当然，也不是所有的拍摄者都如我这么幸运！

如果不是当地向导的指引，我们绝不敢主动接近野生的黑背胡狼。因为野生黑背胡狼可能携带的病毒太多了，它们是狂犬病的病毒携带者，几乎每4到8年就会在黑背胡狼群中爆发流行性狂犬病，此外，它们还可能携带犬瘟热、炭疽病的病毒。所以，野生动物再可爱，都要与它们保持距离，这一点非常重要！

如今，人类与黑背胡狼的冲突在非洲越来越严重。因为黑背胡狼喜欢猎食家畜，所以养羊、养鸡的牧民非常痛恨胡狼，见到它们，决不轻饶。而且国外有很多商业性猎杀俱乐部，专门猎杀野生动物，由于黑背胡狼的皮毛非常有特点，于是，黑背胡狼常常成为被猎杀的目标。可以说，黑背胡狼最大的生存危机是来自人类的捕杀。

黑背胡狼有多古老

坦桑尼亚等非洲国家发掘出的动物化石证明，黑背胡狼在非洲至少已经生活了200至300万年，而东非亚种与南非亚种的分化可能在距今140万年前就开始了。黑背胡狼自更新世之后，变化就不大，属于最初级的狼状犬，与侧纹胡狼的亲缘关系最近。黑背胡狼是社会性高度发达、适应性极强的动物，它们用尿液和粪便来标记领地，一般会有10平方千米左右的范围，由群体成员共同守卫。

21

去哈纳斯野保基地当志愿者吧

▲ 哈纳斯野生动物
保护基地指示牌

　　哈纳斯野生动物保护基地是我们在纳米比亚唯一一次露营的地方。农场主尼克夫妇为了保护野生动物，把自己家的农场变成了保护区。一开始，尼克夫妇见到受伤的野生动物就带回农场帮助医治，久而久之，附近的人们也常送来老弱病残的野生动物请他们救助，有些病残的动物已经无法返回大自然，慢慢的，这里的野生动物越来越多，哈纳斯野生动物保护基地就成了野生动物的伊甸园。

　　我们来到哈纳斯野生动物保护基地，住进了沙地上搭起的帐篷。每顶帐篷里有两个普通的行军床和两个羽绒睡袋，可以住两个人。8月底，纳米比亚夜间的温度只有3—4摄氏度。行军床上没有褥子，那薄薄的羽绒睡袋像纸片一样毫无作用，还没到半夜，人就被冻得透彻心扉。我把行李箱里所有的衣服都拿出来裹在身上，还是被冻得一趟趟上厕所。

保护基地可不是设施完善的酒店，营地附近只有一个公共厕所，黑灯瞎火的没有电灯，需要自己带手电筒，而且离我们的帐篷有上千米远。路上，四周的小动物时不时出来溜达，狮子低沉的吼叫仿佛就在耳边。我打着手电筒，独自跑向公厕，这公厕还需要用水瓢自己冲洗。

深夜冷到睡不着，我只好披着睡袋跑到篝火旁烤火，与浪迹非洲的三个中国小伙子聊天。他们有的是歌手，有的厌倦了平凡的日子就来非洲"流浪"。他们租车开到哪里算哪里，钱用光了就回家。背着吉他的小伙子坐在篝火旁一首首地唱歌，因为他们连帐篷也没得住，好歹我们在保护基地支付了篝火晚餐的费用，他们过来蹭了饭，顺便蹭一下篝火的热度；但是实在没有帐篷可以蹭，因为帐篷的床位是按人付费的，且费用不低。于是，小伙子们只好在篝火旁挨到天亮再上路。

一弯残月挂在深邃的空中，篝火燃烧到最旺之后很快熄灭了。配给的柴火没有了，要想有篝火得靠我们自己到周边捡树枝。在非洲的半沙漠地带，捡柴火可没那么容易。很快我就变成猴子蹿上树去撸树叶和树枝，要是没有篝火，就只能冻得瑟瑟发抖。煮不了开水，也无法让胃更暖和一些。满天寒星，寂静无声，除了这堆小小的篝火，四周全部陷入了黑暗之中。

好不容易熬到凌晨四点，非洲大羚羊、小捻角羚和黑斑羚开始跑过来。寻找合适的早饭，早起的非洲鸵鸟也来营地找食物了。看到这些早起的动物，一切都有了希望！朝阳把保护区的树木镶上了

▲ 哈纳斯野生动物保护基地的清晨

一圈金边，远处几位欧洲的老爷爷正在烤火喝咖啡。我好佩服他们，因为老人家竟然穿着短裤。

我盼望着大家赶紧起床，一起去哈纳斯动物保护基地的食堂喝杯咖啡暖和暖和。保护基地的社交区是我心中的天堂，那里有柔软的沙发和舒适的藤椅，有面包、咖啡、红茶和简餐；白天的保护基地可谓充满生机，条纹獴和疣猪满地撒欢，家猫上树卖萌，紫胸佛法僧和白背鼠鸟停在栏杆上，桃脸牡丹鹦鹉在树上秀恩爱，鹭珠鸡、小羊驼和绵羊溜达着享受世间的清闲……想到这里，我浑身暖洋洋的。

早上五六点，基地的猎豹像家养的猎犬一样在晨曦中醒来。我猛然看见，它们竟然跟宠物狗一样，每只都戴着项圈呢。

保护基地招募全世界的青年来做志愿者。每位志愿者要向保护区交费，志愿者的最短参与时间是两周，费用大致是 9000 元人民币（2018 年价格），包含三餐和住宿。志愿者所交的费用主要用于救治和饲养保护基地中的动物，保护基地会帮助志愿者拿到纳米比亚的工作签证。志愿者的就餐和住宿环境与游客是分开的，游客接

▲ 哈纳斯动物保护基地来自世界各地的年轻志愿者们

触志愿者的唯一机会就是他们工作的时候。

我们在第二天的参观活动中，见到了两位来自中国的年轻女孩。她们来这里当志愿者已经一周了。这里没有手机信号，没有电，夜间寒冷却没有条件洗澡，需要自己配备手套等劳保用品以及简单的常用药品。每天的劳动非常耗费体力，志愿者们清晨要给动物们切肉、投喂，中午遛猎豹、狒狒。狒狒喜欢欺负弱小的女孩子，志愿者当中的女孩子时常被狒狒咬伤，但是保护基地的医疗条件非常有限，只能简单包扎和打疫苗。

志愿者基本上都是 30 岁左右的年轻人，一生中来体验一次这样的野生动物保护活动非常有意义。志愿者中有不少德国青年，因为纳米比亚曾经是德国的殖民地，当然也有很多来自欧洲其他国家的年轻人。中国某旅行综艺节目对保护基地进行了介绍，节目播出后，国内很多青年也慕名来这里当志愿者。在保护基地确实能实现撸猎豹、喂狮子的愿望，但更重要的是为动物们服务。两周下来，如果没有过硬的体能基础和野外生存经验的朋友，只能哭着回家。

我们坐游猎车参观的时候，看到一个体重估计不到50千克的中国女孩已经被锻炼得非同一般。她从一桶生肉中拿起一大块，抛飞到3米高的树上，让花豹锻炼上树进食的能力。之后，她又提着一桶肉走到木梯岗楼上，去投喂斑鬣狗和猎豹。如果不是在这样特殊的环境中，实在无法想象一个女孩子会来完成这些强体力活。

保护基地里多是被救助而来的动物，它们已无法在野生环境中继续生存。我们在铁丝网的一侧，见到了几只雄风不再的老年狮子，这些已经垂垂老矣的狮子似乎带着满眼的不甘，但如果在野外，已经失去捕食能力的它们只能等待被其他肉食动物猎杀。它们有幸来到狮子养老区，肉食无忧，颐养天年。

保护基地是野生动物温暖的港湾，电动小门内有一块宽阔的草坪，这里视野通透，阳光在草坪上铺了一层慵懒的颜色。年轻的跳羚优哉游哉地在一米左右高的仙人掌旁边寻找食物，毫不在意人类在它们身边走来走去。草坪旁边的一棵大树上停满了斑鸠，像盛开的花朵一样密密匝匝地占据了所有枝丫。我在树下用瓶子组成的帷幕里遥望这个小广场，这里简直是动物们的伊甸园。

哈纳斯野生动物保护基地的存在，给全世界喜欢野生动物的人提供了参与保护野生动物的机会，也给野生动物开辟了颐养天年的领地。虽然它不是动物园，但是如果全世界的动物园都具有这样的功能，我觉得那才是动物园存在的意义。

动物园应该是什么样的

动物园有着悠久的历史，近几百年来，城市兴起，人们不但对动物园没有厌倦，热情反而持续升温。动物园吸引着大量参观者。虽然现在仍有部分人以猎奇的心态去观赏，甚至挑逗动物，但是这样的行为正逐渐被更文明和科学的方式所代替。动物园正在成为人们了解自然、宣传野生动物保护理念和维护生态可持续发展理念的场所，是融休闲与学习为一体的自然博物馆。

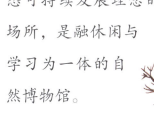

131

22

备受争议的南非狮子园

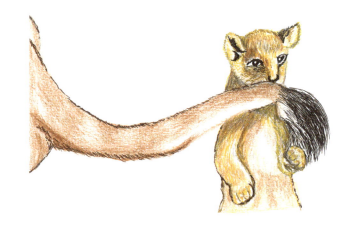

南非的霍尼都狮子园位于约翰内斯堡市西北，距离市区约 20 千米。这里生活着 80 多头狮子，以及猎豹、斑鬣狗、黑背胡狼、长颈鹿、大象、犀牛、羚羊、鸵鸟等野生动物，这里实际上是个野生动物园。

狮子园保留了非洲大草原的原本景象，在这里寻找野生动物并拍摄，与在肯尼亚的马赛马拉稍有不同。在马赛马拉，游客坐在越野吉普车里或敞篷的越野车上层观看动物；在南非狮子园，参观者则坐在一辆铁丝网密布的笼网式观光车里，这个笼车可容纳 20 人左右。无论在哪里参观，游客全程都不能开门，也不能下车。尽管这里的动物是半饲养状态，但仍然可以自由活动，野性十足。

进到这样的野生动物园，人要高度自律。南非的狮子园也曾开放私家车进入园区，但有参观者不守园规，贸然下车拍摄狮子。遇到这样冒失的拍摄者，狮子可不会口下留人。这里就曾发生过游客被狮子咬死或咬伤的事件。

我们坐在笼车里，听着狮子园的动物学家全程为我们介绍这里的野生动物。遇到狮群或长颈鹿时，可以停车观看和拍照。所有动物对观光车基本上视而不见，但是对人就是另一码事了。

与马赛马拉大草原上的野外雄狮不同，这里的雄狮都是妻妾子女满堂，过着慵懒的生活。它们因为不需要经历自然界的厮杀，毛色看上去干净而发亮，眼神里没有警戒和防范。毕竟，这里不是大自然残酷的战场。

狮子园里还有很多能与野生动物亲密接触的活动区，可以用规定的食物喂长颈鹿，和长颈鹿合影，也可以和小狮子亲密相拥。我们事先不知道狮子产业背后的真相，沉浸在人和小狮子和谐亲昵的假象中，但是后来了解了南非狮子产业链的真相，不禁感叹商业背后的鲜血淋漓。

▼ 南非霍尼都狮子园里的狮子家族

南非狮子饲养业的背后，是被野生动物保护人士深深诟病的商业链条，但它本身却是南非各大野生动物园、动物农场的支柱产业。国内外都有富豪专门去南非参加狩猎团，猎杀狮子、斑马、角马。旅行团甚至还会让游客与被猎杀的野生动物合影，并利用这样的合影进行广告宣传。在野生动物保护理念越来越强的今天，猎杀野生动物并与之合影，无异于为自己制作了一张自曝耻辱的名片。

2015 年的纪录片《血狮》曾轰动世界，带领人们走进了南非狮子饲养业的幕后。在动物园或农场生下的小狮子作为"萌宠"，早早地被安排与游客互动，这项活动的收费为动物园带来了狮子产业链上的第一桶金。待狮子长大，失去与游客互动的价值后，往往会被卖到不对公众开放的狩猎农场，供人猎杀以享乐。这真是一个残忍恐怖的产业！

▼ 非洲雄狮

▼ 打呵欠的小狮子

狮子的头颅价格是最高的，为了不破坏头骨，猎杀往往使用小口径的枪，让子弹从眼睛穿过。被射杀的狮子往往不会立刻死亡，它们要经过极其痛苦而漫长的死亡过程。它们的头骨将被运到其他国家。一些农场还把狮子限制在围栏内供狩猎者猎杀，并将狮皮和狮头作为战利品送给狩猎者。骨头和其他没有人要的身体部位则出售到亚洲，用在传统医药里。早些年，南非是唯一合法出口狮子以及其他大型猫科动物身体的国家。每年南非环境部都会规定狮骨出口总量，以控制被猎杀的狮子总量。

　　南非的狮语者凯文·理查德森（Kevin Richardson）是一个能听懂狮子语言、热爱动物的人。他曾在一个狮子园中工作，但他在了解到狮子园贩卖狮子的真相之后，果断放弃这份工作，并建立了救助狮子的保护区。他呼吁人们不要参加抚摸小狮子的商业项目，

▼ 未成年的小狮子们在休息

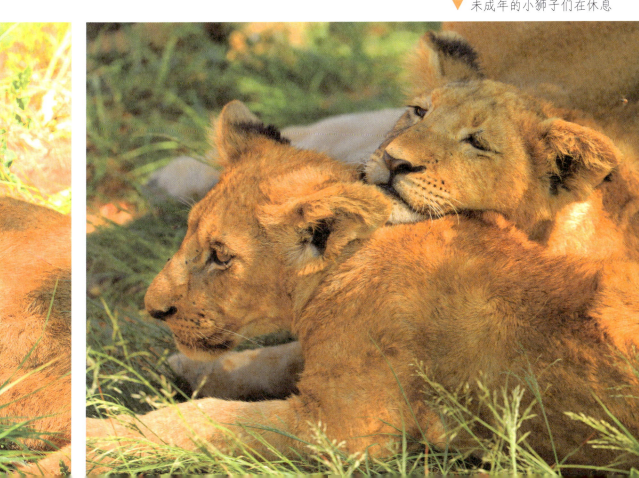

因为抚摸的背后，是狮子悲惨的一生。

雌狮生产后，狮子园会残忍地把小狮子从狮子妈妈身边夺走，给失去孩子的雌狮催情继续生小狮子。2 到 3 个月的小狮子正好从事赚钱的抚摸活动，半岁的时候可以陪游客在狮子走廊中散步，2 岁后就放到游客的游览区展览或卖给动物农场。进入动物农场后，狮子沦为繁殖工具，或者成为人们射杀的享乐品。

自然界里的雄狮是多么强悍的动物，但是在人类的商业链条中，它们沦为人类谋利、取乐的工具，连自己的生死都难以掌控。

2021 年，南非林业、渔业和环境部终于发布了一个联合声明，南非政府将停止发放养殖、狩猎圈养狮子或与圈养狮子互动的许可证，并吊销已经发放的全部养殖许可证，同时禁止出口狮子骨头。也就是说，南非的养狮业终于走到了尽头。

▼ 狮子园里的雄狮

动物园还应该继续存在吗

动物园要不要存在，要看动物园是否在做对动物有益的事情。科学生态型的动物园是物种的最后保存地，让濒危动物有机会绝处逢生。例如：麋鹿原本已在中国灭绝，从西方的动物园引进后才得以重建种群；普氏野马也是从外国动物园引进的，目前正在新疆进行野化训练，让它们重归自然；参加过南京红山动物园大象研学营的人，会知道不应该骑大象……一个好的动物园会告诉游客，如何做负责任的地球主人。

23 南非国家植物园里的鸟类

我喜欢野外的小鸟，因为它们率性可爱、天真活泼。面对鸟儿们亮晶晶的小眼睛，我发自内心喜欢它们孩子般的单纯。

非洲大约有2700种鸟类，很多鸟类的羽毛色彩艳丽。在非洲，我看到的鸟几乎都是未曾见过的。例如在肯尼亚看到的紫胸佛法僧、红颊蓝饰雀，还有在南非见到的针尾维达雀、白背鼠鸟，都让我感到惊喜和意外。

走进南非第二大城市开普敦的国家植物园，一眼就看到了许多缤纷的小鸟。南非国家植物园建立于1913年，占地面积达500多公顷，主要目的之一是保存濒危的当地植物物种。这里有6200种非洲南部特有的植物物种，九个温室繁育种植了大量稀有植物，三个标本室藏有总计近 225000 号参照标本，是全世界植物爱好者的最佳观赏地。如此多的植物，也引来了众多鸟类，在这里可以拍摄到很多羽色独特的非洲鸟类。

走进南非国家植物园，有一种顿时放松的感觉，仿佛一下子来到了世外桃源。刚进门的地方，是一片开阔的草坪。路边，一只海角蓬背鹟跳到了一根枝干上。

海角蓬背鹟分布于非洲中南部地区，叫起来是一种既似昆虫、又似蛙类的奇怪声音，唧唧咕，唧唧咕，一声高过一声，非常聒噪，幸亏只有一只，否则真成了蛙声一片。

针尾维达鸟也是我来到南非才见到的鸟。猛一眼看上去，它们呈黑白两色，有四根长长的黑色尾羽。它们有着鲜红厚实的喙，看上去很适宜吃种子。据说，针尾维达鸟雄鸟为吸引雌鸟不遗余力，把全部时间都花在了炫耀装饰上；而雌鸟则把卵产在一些梅

▶ 海角蓬背鹟

▲ 针尾维达鸟

▲ 非洲暗鹟

花雀属鸟类的巢中。有了尽心尽职的养父母，针尾维达鸟的亲生父母继续嬉戏于繁花茂叶之间，完全不管自己的幼鸟了。

一阵短促的唧唧声把我的视线吸引到草坪边的非洲百合花上，花枝上正站着一只非洲暗鹟。非洲百合也叫百子莲，它们淡紫色的花朵正好把没有鲜艳色彩的非洲暗鹟衬托得非常雅致。非洲暗鹟淡褐色的羽毛没有什么惊人之处，它们的眼眶处有一圈淡淡的奶白色，下颔和前胸是灰白和淡褐色相间的羽毛，下腹呈白色。我趴在草地上为暗鹟拍照的时候，一群埃及雁大摇大摆地来到我面前吃起草来。

我们走过国家植物园的芳香草园和帚灯草园，一只南非鹧鸪匆匆忙忙地跨过小道，向浓密的灌木丛中走去。为了让视力有障碍的人也能了解植物的名称，芳香草园内的植物都贴心地设立了写有盲文的牌子。这里的植物都长得很高，游客可以尽情享受它

◀ 南非鹧鸪

▲ 毫不怕人的埃及雁

们散发的芬芳。

帝灯草园收集各种原产南非的帝灯草科植物，它们长得像芦苇，但有的小巧精致，有的茎干粗壮，甚至高达 2 米。

到了植物园的欧石楠园，蜜蜂般嗡嗡嗡的声音一下子让我的视线转向了开花的欧石楠树上。啊，好多的花蜜鸟！一只雄性小双领花蜜鸟正在把尖尖长长的嘴伸进欧石楠的花朵里吃花蜜。雄性小双领花蜜鸟头部闪耀着孔雀蓝金属光泽，胸部有蓝绿色和红色的羽毛。它们叫

▶ 小双领花蜜鸟

▲ 长尾食蜜鸟

▲ 黑颊黄腹梅花雀

声急促，雌鸟听到雄鸟的呼唤，也赶过来。雌鸟的颜色没有雄鸟那么艳丽，只有灰棕色。

欧石楠园是一片花海，很多花蜜鸟在花丛中扇动着翅膀。辉绿花蜜鸟在南非凌霄上开心地进餐。12月正是南半球的夏季，欧石楠园的各色花朵争奇斗艳，成了一片花海。我们所到之处没有人声，只有鸟语。

一只尖喙的长尾食蜜鸟站在山龙眼花上，它长长的尾羽几乎是身体的两倍长，臀部黄色的羽毛在尾羽遮盖下仍十分亮眼，白色的腹部有暗色的纵纹。它两眼炯炯有神地望着远处，远处传来黑颊黄腹梅花雀的叫声。

顺着尖细的叫声找过去，一只黑颊黄腹梅花雀忽地一下跳到了我面前的石头上，乖巧地让我拍摄。雄性黑颊黄腹梅花雀的长相很独特，喙上黑下红，头部是灰色的，眼球是黑色的，瞳孔是红色的，眼下的半个脸是黑色的，背部是黄绿色夹杂着红色的羽毛，

◀ 黄喉歌鸲

胸部是白色的，腹部是灰色的，尾下覆羽是红色的，尾巴是黑色的。雌性背部的羽毛没有红色杂在其间，尾下覆羽的红色也更少一点，脸上没有黑色羽毛，眼睛的瞳孔也是黑色的。

黄喉歌鸲属于鸫科歌鸲属鸟类，仅分布于非洲东部和南部地区。我们在南非国家植物园与它能有一面之缘，实属幸运。

穿过一片茂密的灌木丛时，树枝擦着了我的头顶，黄腹绿鹎鹎就在一米近的枝条上好奇地看着我。我不得不退后几步，才能拍到它。黄腹绿鹎鹎浑身的羽毛是黄绿色的，也许是在树林里的缘故，它看上去不是那么干净。它们的眼睛炯炯有神，瞳孔是白色的，分外显眼。

斑山鹪莺是分布在非洲南部地区的扇尾莺科鹪莺属的小鸟。斑山鹪莺的腹部是淡色的柠檬黄，上面长着纵向的斑纹。它们的脚是淡胡萝卜色，背羽则是卡其色的。我看见斑山鹪莺的时候，它

▲ 黄腹绿鹎鹎

▲ 斑山鹪莺

▶ 南非绣眼鸟

143

▲ 南非丝雀

　　恰好捉住了一条透明绿的虫子，正得意地叼着小虫子四处嘚瑟呢。

　　在南非国家植物园里，几乎每走一步就可以碰到一只鸟。南非丝雀主要分布于非洲中南部地区，全身大部分布满了艳丽的藤黄色，尤其是头顶的一抹金色十分耀眼。

　　南非绣眼鸟的白眼眶让我一眼就认出了它们，但是比起中国的绣眼鸟，南非绣眼鸟的羽毛有些像调色盘里的藤黄揉进了一点蓝，变成了黄绿色。南非绣眼鸟正忙着叼果子，完全不在意我从它的身边走过，一副"我忙着呢"的样子。

　　南非国家植物园可以拍摄到近百种鸟类，很多都是濒危物种。在这里观鸟、拍摄鸟的美照时，可以感受到鸟类与人亲近的和谐状态。那些野生鸟类似乎都不怕人——鸟越是不避人，说明这一地区捕鸟的人越少，长期没人捕，鸟儿们才会放松对人类的警惕。人与鸟的关系是否亲近，可以说明鸟类是否有良好的生存环境。

中国是鸟类迁徙的重要通道

全世界有8条鸟类迁徙路线：大西洋—美洲迁徙线、黑海—地中海迁徙线、东大西洋迁徙线、密西西比—美洲迁徙线、中亚—印度迁徙线、东亚—澳大利亚迁徙线、太平洋—美洲迁徙线、西亚—东非迁徙线。

迁徙路线涉及世界上几乎所有的雨林、湿地和沼泽。在全球候鸟迁徙通道中，东亚—澳大利亚、中亚—印度、西亚—东非这3条候鸟迁徙路线都与中国有着密切关系。如果有人在鸟类迁徙的时间点非法拉网捕鸟，破坏鸟类生态环境，将会对世界鸟类的迁徙链造成严重影响。

24

非洲的斑嘴环企鹅

南非的豪特湾有一座非常美丽的渔港村庄。12 月的骄阳下，在海湾的沙岸和岩石边，可以见到很多小巧可爱的斑嘴环企鹅。

见到斑嘴环企鹅之前，我已经去过南极王企鹅的栖息地圣·安德鲁斯湾，每年有几十万只王企鹅在那里繁殖后代。我也见过长着橘色双脚的巴布亚企鹅，见过眼睛上有着黄色长羽毛的跳岩企鹅，见过好像戴了一顶小帽子的帽带

▲ 南非豪特湾的斑嘴环企鹅

企鹅。在厄瓜多尔的加拉帕戈斯群岛，我还见过加岛企鹅，在英国的伦敦动物园则见过洪堡企鹅。

斑嘴环企鹅与洪堡企鹅、加岛企鹅同属环企鹅属家族，它们的个头大小、身上的羽毛斑纹都有相似之处。

斑嘴环企鹅分布于非洲南部，是南非和纳米比亚沿岸海域及其附近岛屿的留鸟。它们最明显的特征是眼睛前上方有一块粉色的裸皮。据说，这块粉色的皮肤会随着气温的变化呈现出不同的颜色。天气凉时是白色的，天气炎热时是粉红色的。这是因为当气温较高

时，斑嘴环企鹅的体温上升，体内会有较多血液流经这里的腺体，从而起到降温作用。在豪特湾，12 月时是很热的，斑嘴环企鹅眼睛上方的粉红色皮肤都明艳极了。

斑嘴环企鹅的喙尖和喙根是黑色的，脸侧面有一个大写的白色 C 形环斑，从脖子绕到眼睛的后方，再到上方；雪白的肚子上有一个黑色的马蹄形环斑，像没系好的丝巾从两肋滑下。它们背部的羽毛全是黑色的，脚也是黑色的，因此它们又有个名字，叫黑脚企鹅。

斑嘴环企鹅特别爱叫，叫声类似毛驴，于是又有了个更生动的名字：公驴企鹅。嗓门大的斑嘴环企鹅其实很温柔，经常可以看到它们在岩石上互相用嘴清理彼此的羽毛。

我喜欢晒太阳

我们到达豪特湾的时候是上午，海岸上阳光虽然猛烈，却凉风习习。很多斑嘴环企鹅刚吃完早饭，在岸上休息，岸边的礁石上下站着几千只黑黑白白的小企鹅。

　　为了不让人类影响它们的生活，海岸边设立了栈道，人不可以跨越栈道走到沙滩上去。3—5月是南非斑嘴环企鹅筑巢的时期，我去的时候是12月，正是很多成年企鹅的换羽期，它们在为下一次繁殖做准备。栈桥的下面和缝隙中全是被海风吹来的企鹅羽毛，像北京春天的柳絮，落到地上轻飘飘的，滚得到处都是。还有一些企鹅在去年挖过的沙滩巢穴里蹲守，也许是年轻企鹅在此练习孵卵。看着它们在骄阳下跳进洞中的可爱模样，我想象着繁殖季这里可能会上演的企鹅故事。

▲ 斑嘴环企鹅在沙滩上的繁殖巢

自然思考

环企鹅属企鹅是所有企鹅中最靠北的

　　环企鹅属的企鹅身上都有花斑，它们体形不大，分布在南半球比较靠北的地区。环企鹅属有四种：斑嘴环企鹅，主要生活在非洲南部沿岸海域；洪堡企鹅，主要生活在南美洲西海岸的智利、秘鲁一带；麦哲伦企鹅，主要生活在南美洲南部沿海地区；加岛企鹅，即加岛环企鹅，生活在赤道附近的加拉帕戈斯群岛。

后记

　　这些年，我走过地球上的许多地方，见识过各种绮丽壮阔的风景，观察过许多野生动植物，也目睹了人类在发展中给自然带来的破坏。如何让更多的人，特别是青少年了解到地球如今岌岌可危的生态现状？如何唤醒他们对地球未来命运的思考？我在思索这些问题的时候，萌生了要将自己这些年行走中的所见所闻写成一套博物笔记的想法。在这一辑中，我首先挑选了自己在世界各地旅行考察中，到过的最具代表性的四个地方：北极、南极、南美洲的加拉帕戈斯群岛以及非洲。毫无疑问，这些地方都拥有独特的生态、壮丽的风景、奇特的生物；但同时，这些地方也因人类的干扰，在生态环境上发生了许多不可逆转的改变。

　　我去北极时，考察了位于北冰洋上的斯瓦尔巴群岛。这里的自然环境原始而美丽，但同时又非常脆弱。斯瓦尔巴群岛的"旅游指南"上有这样一句话："记住，你只是一名客人，请不要在北极地区乱丢垃圾！"因为季节的关系，不同时间来斯瓦尔巴群岛能观察到的野生动物是不同的，但其中，野生北极熊的生存现状无疑是所有人最关心的焦点。

　　当我深入南极时，印象最深的当属南极洲的奇特感。南极洲的冰山是蓝色的，带着"烟熏妆"的黑眉信天翁会和企鹅吵架，像绅士一样穿着燕尾服的公企鹅也需要负责孵蛋……南极洲的大地静寂到什么声音都没有，如果不是偶尔掠过的棕贼鸥在叫，如果不是一只企鹅摇摇摆摆地从我身边擦腿而过，如果不是因为寒冷冻得我的手生疼，我恍惚以为眼前的一切都是梦境。然而就是在这样纯净的土地上，人类也曾大肆捕杀鲸鱼、海狮等，让这些大自然中的生灵陷入了悲惨的境遇。

我在加拉帕戈斯群岛期间，常常往返于各岛之间，遇到野生动物全凭偶然的机遇和一双慧眼。由于地理位置极其特殊，加拉帕戈斯群岛不仅成为热带海鸟和滨岸水鸟的居住圣地，更孕育了5种岛上特有的哺乳动物。同时，来自南部的秘鲁寒流和来自北部的赤道暖流交汇于此，使得这里的海洋生物异常丰富，喜寒、喜暖的动物一应俱全。

我来到广袤的非洲大草原，见到了猫科动物的代表雄狮和豹子，令人震撼的角马群和犀牛群，有幸得到救助的大象孤儿们，还有数不清的各种漂亮鸟类……它们的命运正慢慢被人类和环境所改写。作为世界第二大洲，非洲大陆既是古人类和古文明的发源地之一，也是野生动物种类极为丰富的一块充满野性的大陆。但如今，频繁的自然灾害、快速的经济发展都在影响着动物们的栖息地，使它们的生存面临着前所未有的危机。

作为一名自然保护者，我希望能用自己的文字、画笔和摄影作品记录下地球不同角落的真实现状，让更多人了解到地球生态的困境和急需解决的问题。接下来，我还将聚焦国内，继续创作，用我手中的笔描绘祖国大好河山中四季的交替与动植物的和谐共生，展现生命的力量、自然的力量。

人与自然是永远不可分割的命运共同体，我们只有学会尊重自然、顺应自然、保护自然，才能实现"人与自然和谐共生"

的美好愿景。"万物各得其和以生，各得其养以成。"生物多样性是地球生命共同体的血脉和根基。保护生物多样性，就是保护我们共同的地球家园。

最后，诚挚感谢中国科学院院士、中国科普作家协会理事长周忠和先生为我的这套书作序，并给予的赞赏和肯定。同时，诚挚感谢担任这套书审读工作的国家动物博物馆首席顾问孙忻老师，他不仅是我非洲、北极行程中的自然导师，更是国内最早倡导博物旅行的专家之一。我在行程中的记忆和记录难免有误，孙忻老师不辞辛劳，在忙碌的工作之余审校几十万字、上百张照片和图片，确保了本套书的准确性和科学性。感谢我所有行程的领队、《国家地理》摄影师赵超，他不仅让我掉进了自然探索之"坑"，也让我发现了自然教育的魅力。感谢鸟类专家范洪敏、李思琪，以及生物艺术老师可莱，同行期间，不论是白天还是夜晚，他们都会随时解答我的提问。感谢为这套书付出辛苦努力的浙江少年儿童出版社的编辑们，还有装帧设计师土豆。两年来，大家为这套书付出了辛勤的汗水。

记录，是人类才有的能力；它把记忆延长，让回忆变得清晰。生命中的行走还会继续，我期待仍旧与大家同行，记录那些值得留住的瞬间。